建筑安装工程施工工艺标准系列丛书

幕墙及饰面板、砖工程施工工艺

山西建设投资集团有限公司　组织编写

张太清　霍瑞琴　主编

中国建筑工业出版社

图书在版编目(CIP)数据

幕墙及饰面板、砖工程施工工艺/山西建设投资集团有
限公司组织编写. —北京：中国建筑工业出版社，2018.12
（建筑安装工程施工工艺标准系列丛书）
ISBN 978-7-112-22894-2

Ⅰ.①幕… Ⅱ.①山… Ⅲ.①幕墙-工程施工
Ⅳ.①TU767

中国版本图书馆 CIP 数据核字(2018)第 249662 号

本书是《建筑安装工程施工工艺标准系列丛书》之一。该标准经广泛调查研究，认真总结工程实践经验，参考有关国家、行业及地方标准规范编写而成。

该书编制过程中主要参考了《建筑工程施工质量验收统一标准》GB 50300—2013、《建筑装饰装修工程质量验收规范》GB 50210—2018、《住宅装饰装修工程施工规范》GB 50327—2001、《建筑幕墙》GB/T 21086—2007、《玻璃幕墙工程技术规范》JGJ 102—2003、《金属与石材幕墙工程技术规范》JGJ 133—2001、《人造板材幕墙工程技术规范》JGJ 336—2016 等标准规范。每项标准按引用标准、术语、施工准备、操作工艺、质量标准、成品保护、注意事项、质量记录八个方面进行编写。

本书可作为饰面板、砖工程和幕墙工程施工生产操作的技术依据，也可作为编制施工方案和技术交底的蓝本。在实施工艺标准过程中，若国家标准或行业标准有更新版本时，应按国家或行业现行标准执行。

责任编辑：张　磊
责任校对：王雪竹

建筑安装工程施工工艺标准系列丛书
幕墙及饰面板、砖工程施工工艺
山西建设投资集团有限公司　组织编写
张太清　霍瑞琴　主编
*
中国建筑工业出版社出版、发行（北京海淀三里河路 9 号）
各地新华书店、建筑书店经销
北京科地亚盟排版公司制版
北京京华铭诚工贸有限公司印刷
*
开本：787×960 毫米　1/16　印张：8　字数：136 千字
2019 年 3 月第一版　2019 年 3 月第一次印刷
定价：**24.00** 元
ISBN 978 - 7 - 112 - 22894 - 2
（32998）

发 布 令

    为进一步提高山西建设投资集团有限公司的施工技术水平，保证工程质量和安全，规范施工工艺，由集团公司统一策划组织，系统内所有骨干企业共同参与编制，形成了新版《建筑安装工程施工工艺标准》（简称"施工工艺标准"）。

    本施工工艺标准是集团公司各企业施工过程中操作工艺的高度凝练，也是多年来施工技术经验的总结和升华，更是集团实现"强基固本，精益求精"管理理念的重要举措。

    本施工工艺标准经集团科技专家委员会专家审查通过，现予以发布，自2019年1月1日起执行，集团公司所有工程施工工艺均应严格执行本"施工工艺标准"。

山西建设投资集团有限公司

党委书记：

董事长：

2018 年 8 月 1 日

丛书编委会

顾　　　　问：孙　波　李卫平　寇振林　贺代将　郝登朝　吴辰先
　　　　　　　温　刚　乔建峰　李宇敏　耿鹏鹏　高本礼　贾慕晟
　　　　　　　杨雷平　哈成德
主 任 委 员：张太清
副主任委员：霍瑞琴　张循当
委　　　　员：（按姓氏笔画排列）
　　　　　　　王宇清　王宏业　平玲玲　白少华　白艳琴　邢根保
　　　　　　　朱永清　朱忠厚　刘　晖　闫永茂　李卫俊　李玉屏
　　　　　　　杨印旺　吴晓兵　张文杰　张　志　庞俊霞　赵宝玉
　　　　　　　要明明　贾景琦　郭　铃　梁　波　董红霞
审 查 人 员：董跃文　王凤英　梁福中　宋　军　张泽平　哈成德
　　　　　　　冯高磊　周英才　张吉人　贾定祎　张兰香　李逢春
　　　　　　　郭育宏　谢亚斌　赵海生　崔　峻　王永利

本书编委会

主　　　　编：张太清　霍瑞琴
副　主　编：邢根保　庞俊霞
主要编写人员：贾景琦　胡成海　王少波

序

　　企业技术标准是企业发展的源泉，也是企业生产、经营、管理的技术依据。随着国家标准体系改革步伐日益加快，企业技术标准在市场竞争中会发挥越来越重要的作用，并将成为其进入市场参与竞争的通行证。

　　山西建设投资集团有限公司前身为山西建筑工程（集团）总公司，2017年经改制后更名为山西建设投资集团有限公司。集团公司自成立以来，十分重视企业标准化工作。20世纪70年代就曾编制了《建筑安装工程施工工艺标准》；2001年国家质量验收规范修订后，集团公司遵循"验评分离，强化验收，完善手段，过程控制"的十六字方针，于2004年编制出版了《建筑安装工程施工工艺标准》（土建、安装分册）；2007年组织修订出版了《地基与基础工程施工工艺标准》、《主体结构工程施工工艺标准》、《建筑装饰装修施工工艺标准》、《建筑屋面工程施工工艺标准》、《建筑电气工程施工工艺标准》、《通风与空调工程施工工艺标准》、《电梯与智能建筑工程施工工艺标准》、《建筑给水排水及采暖工程施工工艺标准》共8本标准。

　　为加强推动企业标准管理体系的实施和持续改进，充分发挥标准化工作在促进企业长远发展中的重要作用，集团公司在2004年版及2007年版的基础上，组织编制了新版的施工工艺标准，修订后的标准增加到18个分册，不仅增加了许多新的施工工艺，而且内容涵盖范围也更加广泛，不仅从多方面对企业施工活动做出了规范性指导，同时也是企业施工活动的重要依据和实施标准。

　　新版施工工艺标准是集团公司多年来实践经验的总结，凝结了若干代山西建投人的心血，是集团公司技术系统全体员工精心编制、认真总结的成果。在此，我代表集团公司对在本次编制过程中辛勤付出的编著者致以诚挚的谢意。本标准的出版，必将为集团工程标准化体系的建设起到重要推动作用。今后，我们要抓住契机，坚持不懈地开展技术标准体系研究。这既是企业提升管理水平和技术优势的重要载体，也是保证工程质量和安全的工具，更是提高企业经济效益和社会效益的手段。

在本标准编制过程中，得到了住建厅有关领导的大力支持，许多专家也对该标准进行了精心的审定，在此，对以上领导、专家以及编辑、出版人员所付出的辛勤劳动，表示衷心的感谢。

在实施本标准过程中，若有低于国家标准和行业标准之处，应按国家和行业现行标准规范执行。由于编者水平有限，本标准如有不妥之处，恳请大家提出宝贵意见，以便今后修订。

山西建设投资集团有限公司

总经理：

2018 年 8 月 1 日

前　　言

　　本书是山西建设投资集团有限公司《建筑安装工程施工工艺标准系列丛书》之一。该标准经广泛调查研究，认真总结工程实践经验，参考有关国家、行业及地方标准规范，在 2007 版基础上经广泛征求意见修订而成。

　　该书编制过程中主要参考了《建筑工程施工质量验收统一标准》GB 50300—2013、《建筑装饰装修工程质量验收规范》GB 50210—2018、《住宅装饰装修工程施工规范》GB 50327—2001、《建筑幕墙》GB/T 21086—2007、《玻璃幕墙工程技术规范》JGJ 102—2003、《金属与石材幕墙工程技术规范》JGJ 133—2001、《人造板材幕墙工程技术规范》JGJ 336—2016 等标准规范。每项标准按引用标准、术语、施工准备、操作工艺、质量标准、成品保护、注意事项、质量记录八个方面进行编写。

　　本标准修订的主要内容是：

　　1　饰面板、砖部分：将墙柱面贴饰面砖进行室内及室外的划分，增加了金属饰面板安装；由于验收规范的改版，主要进行了质量标准的修订，在质量标准中增加了检查方法。

　　2　幕墙部分：玻璃幕墙细分成隐框幕墙和明框幕墙，增加了陶板幕墙及单元体幕墙。

　　本书可作为饰面板、砖工程和幕墙工程施工生产操作的技术依据，也可作为编制施工方案和技术交底的蓝本。在实施工艺标准过程中，若国家标准或行业标准有更新版本时，应按国家或行业现行标准执行。

　　本书在编制过程中，限于技术水平，有不妥之处，恳请提出宝贵意见，以便今后修订完善。随时可将意见反馈至山西建设投资集团公司技术中心（太原市新建路 9 号，邮政编码 030002）。

目　　录

第1篇 饰面板、饰面砖

第1章 室外墙柱面贴饰面砖

本工艺标准适用于工业与民用建筑室外墙柱饰面砖工程的施工。

1 引用标准

《外墙饰面砖工程施工及验收规程》JGJ 126—2015

《住宅装饰装修工程施工规范》GB 50327—2001

《建筑装饰装修工程质量验收标准》GB 50210—2018

《建筑工程施工质量验收统一标准》GB 50300—2013

《建筑工程饰面砖粘结强度检验标准》JGJ/T 110—2017

2 术语（略）

3 施工准备

3.1 作业条件

3.1.1 已编制完室外贴面砖工程施工方案及排砖图。

3.1.2 主体结构施工完毕，墙面平整度、结构尺寸偏差已通过验收。

3.1.3 脚手架、吊篮或吊架已提前支搭和安装好，符合施工方案和安全操作规程要求，并经验收合格。

3.1.4 阳台栏杆、预留孔洞及排水管等应处理完毕，门窗框要固定好，隐蔽部位的防腐、填嵌应处理好，并用1∶3水泥砂浆将缝隙塞严实；铝合金、塑料门窗、不锈钢门等边缝所用嵌塞材料及密封材料应符合设计要求，且应塞堵密实，并事先粘贴好保护膜。

3.1.5 墙面基层清理干净，脚手眼、窗台、窗套等事先应使用与基层相同的材料砌堵好。

3.1.6 按面砖的尺寸、颜色进行选砖，并分类存放备用。

3.1.7 大面积施工前向施工人员做好交底工作。先放大样，并做出样板墙，确定施工工艺及操作要点，样板墙面完成后应经设计方、建设单位和监理单位共同验收认定，方可组织班组按照样板墙要求施工。

3.1.8 施工环境温度应在5℃以上，当室外气温高于35℃时，应采取遮阳措施。

3.1.9 施工现场所需的水、电、机具和安全设施应齐备。

3.1.10 样板间的粘接强度检测报告符合施工方案要求。

3.2　材料及机具

3.2.1 饰面砖：饰面砖的表面应光洁、方正、平整、质地坚固，其品种、规格、尺寸、色泽、图案应均匀一致，必须符合设计规定。不得有缺楞、掉角、暗痕和裂纹等缺陷。其性能指标均应符合现行国家标准的规定，釉面砖的吸水率不得大于10%。

3.2.2 水泥：普通硅酸盐水泥或矿渣硅酸盐水泥，强度不低于32.5级，若出厂日期超过三个月，应按试验结果使用。白水泥应采用符合《白色硅酸盐水泥》GB/T 2015—2017，强度不低于42.5级的，并符合设计和规范质量标准的要求。

3.2.3 砂子：粗砂或中砂，用前过筛，含泥量不大于3%。

3.2.4 粘结砂浆、粘贴面砖所用水泥、砂、胶粘剂等材料均应进行复验，合格后方可使用。

3.2.5 机具：砂浆搅拌机、瓷砖切割机、磅秤、铁板、孔径5mm筛子、窗纱筛子、手推车、大桶、小水桶、平锹、木抹子、大杠、中杠、小杠、靠尺、方尺、铁制水平尺、灰槽、灰勺、米厘条、毛刷、钢丝刷、笤帚、錾子、锤子、米线包、小白线、擦布或棉丝、钢片开刀、小灰铲、勾缝溜子、勾缝托灰板、托线板、线坠、盒尺、钉子、红铅笔、铅丝、工具袋等。

4　操作工艺

4.1　工艺流程

基层处理 → 吊垂直、套方、找规矩、贴灰饼 → 抹底层砂浆 → 弹线分隔 →

排砖 → 浸砖 → 镶贴面砖 → 面砖勾缝及擦缝

4.2 基层处理

4.2.1 基体为混凝土墙面时，将凸出墙面的混凝土剔平，对于基体混凝土表面很光滑的，可采取"毛化处理"办法，即先将表面尘土、污垢清扫干净，然后用水泥砂浆内掺水重20%的界面剂胶，用笤帚将砂浆甩到墙上，其甩点要均匀，终凝后浇水养护，直至水泥浆疙瘩全部粘到混凝土光面上，并有较高的强度（用手掰不动）为止。

4.2.2 基层为砖砌体墙时，抹灰前，墙面必须清扫干净，浇水湿润。

4.2.3 基层为加气混凝土墙时，可酌情选用下述两种方法中的一种。

1 用水湿润加气混凝土表面，修补缺棱掉角处。修补前，先刷一道聚合物水泥浆，然后用1∶3∶9＝水泥∶白灰膏∶砂子混合砂浆分层补平，隔天刷聚合物水泥浆并抹1∶1∶6混合砂浆打底，木抹子搓平，隔天养护。

2 用水湿润加气混凝土表面，在缺棱掉角处刷聚合物水泥浆一道，用1∶3∶9混合砂浆分层补平，待干燥后，钉金属网一层并绷紧。在金属网上分层抹1∶1∶6混合砂浆打底（最好采取机械喷射工艺），砂浆与金属网应结合牢固，最后用木抹子轻轻搓平，隔天浇水养护。

4.3 吊垂直、套方、找规矩、贴灰饼

4.3.1 基体为混凝土墙面时，高层建筑物应在四大角和门窗口边用经纬仪打垂直线找直；多层建筑物，可从顶层开始用特制的大线坠绷低碳钢丝吊垂直，然后根据面砖的规格尺寸分层设点、做灰饼，间距1.6m。横向水平线以楼层为水平基准线交圈控制，竖向垂直线以四周大角和通天柱或墙垛子为基准线控制，应全部是整砖。阳角处要双面排直。每层打底时，应以此灰饼作为基准点进行冲筋，使其底层灰做到横平竖直。同时要注意找好突出檐口、腰线、窗台、雨篷等饰面的流水坡度和滴水线（槽）。

4.3.2 基层为砖砌体墙时，吊垂直、套方、找规矩：大墙面和四角、门窗口边弹线找规矩，必须由顶层到底一次进行，弹出垂直线，并决定面砖出墙尺寸，分层设点、做灰饼（间距为1.6m）。横线则以楼层为水平基线交圈控制，竖向线则以四周大角和通天垛、柱子为基准线控制。每层打底时则以此灰饼作为基准点进行冲筋，使其底层灰做到横平竖直。同时要注意找好突出檐口、腰线、窗台、雨篷等饰面的流水坡度。

4.3.3 基层为加气混凝土墙时，同基层为混凝土墙面做法。

4.4 抹底层砂浆

4.4.1 基体为混凝土墙面时，先刷一道掺水重10%的界面剂胶水泥素浆，打底应分层分遍进行抹底层砂浆（常温时采用配合比为1：3水泥砂浆），第一遍厚度宜为5mm，抹后用木抹子搓平、扫毛，待第一遍六至七成干时，即可抹第二遍，厚度约为8～12mm，随即用木杠刮平、木抹子搓毛，终凝后洒水养护。砂浆总厚不得超过20mm，否则应作加强处理。

4.4.2 基层为砖砌体墙时，先把墙面浇水湿润，然后用1：3水泥砂浆刮一道约5～6mm厚，紧跟着用同强度等级的灰与所冲的筋抹平，随即用木杠刮平，木抹搓毛，隔天浇水养护。

4.4.3 基层为加气混凝土墙时，同基层为混凝土墙面做法。

4.5 弹线分格

待底灰六、七成干时，按图纸要求，按饰面砖规格及实际条件进行弹线，线纹要清晰、正确。

4.6 排砖

根据大样图及墙面尺寸进行横竖向排砖，以保证面砖缝隙均匀，符合设计图纸要求，注意大墙面、通天柱子和垛子要排整砖，以及在同一墙面上的横竖排列，均不得有一行以上的非整砖。非整砖行应排在次要部位，如窗间墙或阴角处等。但亦要注意一致和对称。如遇有突出的卡件，应用整砖套割吻合，不得用非整砖随意拼凑镶贴。面砖接缝的宽度不应小于5mm，不得采用密缝。

4.7 选砖、浸泡

釉面砖和外墙面砖镶贴前，应挑选颜色、规格一致的砖；浸泡砖时，将面砖清扫干净，放入净水中浸泡2h以上，取出待表面晾干或擦干净后方可使用。

4.8 镶贴面砖

4.8.1 粘贴应自上而下进行。高层建筑采取措施后，可分段进行。在每一分段或分块内的面砖，均为自下而上镶贴。从最下一层砖下皮的位置线先稳好靠尺，以此托住第一皮面砖。在面砖背面宜采用1：0.2：2＝水泥：白灰膏：砂的混合砂浆镶贴砂浆厚度为6～10mm，贴上后用灰铲柄轻轻敲打，使之附线，再用钢片开刀调整竖缝，并用小杠通过标准点调整平面和垂直度。

4.8.2 另外一种做法是，用1：1水泥砂浆加水重20%的界面剂胶，在砖背面抹3～4mm厚粘贴即可。但此种做法其基层灰必须抹得平整，而且砂子必须用窗纱筛后使用。不得采用有机物作主要粘结材料。

4.8.3 另外也可用胶粉来粘贴面砖，其厚度为2～3mm，有此种做法其基层灰必须更平整。

4.8.4 如要求釉面砖拉缝镶贴时，面砖之间的水平缝宽度用米厘条控制，米厘条用贴砖用砂浆与中层灰临时镶贴，米厘条贴在已镶贴好的面砖上口，为保证其平整，刚临时加垫小木楔。

4.8.5 女儿墙压顶、窗台、腰线等部位平面也要镶贴面砖时，除流水坡度符合设计要求外，应采取顶面砖压立面面砖的做法，预防向内渗水，引起空裂；同时还应采取立面中最低一排面砖必须压底平面面砖，并低出底平面面砖3～5mm的做法，让其起滴水线（槽）的作用，防止尿檐，引起空裂。

4.9 面砖勾缝及擦缝

面砖铺贴拉缝时，用1∶1水泥砂浆勾缝或采用勾缝胶，先勾水平缝再勾竖缝，勾好后要求凹进面砖外表面2～3mm。若横竖缝为干挤缝，或小于3mm者，应用白水泥配颜料进行擦缝处理。面砖缝子勾完后，用布或棉丝蘸稀盐酸擦洗干净。

5 质量标准

每个检验批每100m²至少抽查一处，每处不得小于10m²。

5.1 主控项目

5.1.1 饰面砖的品种、规格、图案、颜色和性能应符合设计要求。

检查方法：观察，检查产品合格证书，进场验收记录和性能检测报告。

5.1.2 饰面砖粘贴的找平、防水、粘结和勾缝材料应符合设计要求及国家现行产品标准的规定。

检查方法：观察。

5.1.3 饰面砖必须粘贴牢固。

检查方法：观察。

5.1.4 满粘法施工的饰面砖工程应无空鼓、裂缝。

检查方法：观察，小锤敲击。

5.2 一般项目

5.2.1 饰面砖应平整、洁净、色泽一致、无裂痕和缺损。

检查方法：观察。

5.2.2　阴阳角处搭接方式，非整砖使用部位应符合设计要求。

检查方法：观察。

5.2.3　墙面突出物周围的饰面砖应整砖套割吻合，边缘应整齐。墙裙、贴脸突出墙面的厚度应一致。

检查方法：观察。

5.2.4　饰面砖接缝应平直、光滑，填嵌应连续、密实；宽度和深度应符合设计要求。

检查方法：观察。

5.2.5　有排水要求的部位应做滴水线（槽）。滴水线（槽）应顺直，流水坡向应正确，坡度应符合设计要求。

检查方法：观察。

5.2.6　饰面砖粘贴的允许偏差应符合表1-1的规定。

饰面砖粘贴允许偏差（mm）　　　　　　　表1-1

项次	项目	允许偏差（mm）
1	立面垂直度	3
2	表面平整度	4
3	阴阳角方正	3
4	接缝直线度	3
5	接缝高低差	1
6	接缝宽度	1

6　成品保护

6.0.1　门窗框宜用保护膜进行保护，特别是铝合金门窗框和防火门框应在出厂前用保护膜进行保护。操作中应及时将溅留在其上的砂浆清理干净。

6.0.2　应合理安排施工工序、水暖、电器、通风、设备等安装专业的工程，应在粘贴饰面砖之前完成。以免交叉污染或碰撞饰面砖。

6.0.3　油漆或粉刷时，应采取遮挡措施，以免污染饰面砖。

6.0.4　各抹灰层在凝结前应有防止风干、防曝晒、防水冲、防振动等措施，以保证各层有足够的强度和整体性。

6.0.5 拆落脚手架时，应轻拆轻放，为防止碰撞饰面砖，应设专人落架子。

7　注意事项

7.1　应注意的质量问题

7.1.1 严格按配合比拌和砂浆，砂子含泥量不大于 3%，底灰与粘贴面砖的间隔时间不得跟得太紧，应隔天养护后再粘贴，以防空鼓、脱落。

7.1.2 抹底层灰时，应严格按工艺规程进行贴饼冲筋，刮杠刮平，木抹子搓平搓毛，并经检查合格后，方可进行下道工序，以免影响粘贴饰面砖的平整度和垂直度及观感质量。

7.1.3 应认真按设计要求的图纸尺寸，结合结构的施工实际情况进行分段、分块、弹线、排砖、选砖、粘贴，以免分格缝不匀、不直。粘贴完应按规定进行养护。

7.1.4 夏季镶贴室外饰面板、饰面砖，应有防止暴晒的可靠措施。

7.1.5 冬期施工：一般只在冬季初期施工，严寒阶段不得施工。

砂浆的使用温度不得低于 5℃，砂浆硬化前，应采取防冻措施。用冻结法砌筑的墙，应待其解冻后再抹灰。镶贴砂浆硬化初期不得受冻，室外气温低于 5℃时，室外镶贴砂浆内可掺入能降低冻结温度的外加剂，其掺入量应由试验确定。

7.1.6 严防粘结层砂浆早期受冻，并保证操作质量，禁止使用白灰膏和界面剂胶，宜采用同体积粉煤灰代替或改用水泥砂浆抹灰。

7.1.7 饰面砖勾完缝并清洗干净，经验收认可后，方可拆落脚手架。

7.2　应注意的安全问题

7.2.1 搭设脚手架及吊篮时，应严格按安全操作规程进行搭设，并设有防护栏。每日班前检查后方可使用。

7.2.2 用手提式切割机切割面砖时，应戴防护眼镜。

7.2.3 各种电气设备均应设有防漏电保护装置。并做到一机一闸、一漏一箱。且做到专人保管和使用。

7.3　应注意的绿色施工问题

7.3.1 在施工过程中应防止噪声污染，在施工场界噪声敏感区域宜选择使用低噪声的设备，也可以采取其他降低噪声的措施。

7.3.2 使用的饰面砖等材料必须符合环保要求。

7.3.3 抹灰时应防止砂浆掉入眼内，采用竹片或钢筋固定靠压尺板时，应防止竹片或钢筋回弹伤人。

7.3.4 工完场地清，使用完的材料和杂物必须清理干净。

7.3.5 切割饰面砖、饰面板时应封闭，并尽量在白天作业，以减少噪声与扬尘污染。

7.3.6 做到工完场清，垃圾及时装袋清运，集中消纳。

7.3.7 施工现场工完场清，设专人洒水，打扫，不能扬尘污染环境。

8 质量记录

8.0.1 饰面砖产品合格证书、性能检测报告、进场验收记录和复验报告。

8.0.2 饰面砖粘贴工程的找平、防水、粘结和勾缝材料产品合格证书、复验报告。

8.0.3 外墙饰面砖样板件的粘结强度检测报告。

8.0.4 隐蔽工程检查验收记录。

8.0.5 饰面砖粘贴工程检验批质量验收记录。

8.0.6 饰面砖粘贴分项工程质量验收记录。

8.0.7 其他技术文件。

第2章　室内墙柱面贴饰面砖

本工艺标准适用于工业与民用建筑室内墙柱面饰面砖工程的施工。

1　引用标准

《住宅装饰装修工程施工规范》GB 50327—2001

《建筑装饰装修工程质量验收标准》GB 50210—2018

《建筑工程施工质量验收统一标准》GB 50300—2013

《民用建筑工程室内环境污染控制规范》GB 50325—2010（2013 年版）

《建筑工程饰面砖粘结强度检验标准》JGJ 110—2008

2　术语（略）

3　施工准备

3.1　作业条件

3.1.1　应编制室内贴面砖工程施工方案。

3.1.2　墙顶抹灰完毕，做好墙面防水层、保护层和地面防水层、混凝土垫层。

3.1.3　活动脚手架已搭设好，符合施工方案和安全操作规程要求，并经验收合格。

3.1.4　安装好门窗框扇，隐蔽部位的防腐、填嵌应处理好，并用泡沫胶将门窗框、洞口缝隙塞严实，铝合金、塑料门窗、不锈钢门等框边缝所用嵌塞材料及密封材料应符合设计要求，且应塞堵密实，并事先粘贴好保护膜。

3.1.5　按面砖的尺寸、颜色进行选砖，并分类存放备用。

3.1.6　统一弹出墙面上＋50cm 水平线，大面积施工前应先放大样，并做出样板墙，确定施工工艺及操作要点，并向施工人员做交底工作。样板墙完成后必须经质检部门鉴定合格后，还要经过设计、甲方和施工单位共同认定验收，方可组织班组按照样板墙壁要求施工。

3.1.7 安装系统管、线、盒等安装完并验收。

3.1.8 室内温度应在5℃以上。

3.1.9 样板间的粘接强度检测报告符合施工方案要求。

3.2　材料及机具

3.2.1 饰面砖：饰面砖的表面应光洁、方正、平整、质地坚固，其品种、规格、尺寸、色泽、图案应均匀一致，必须符合设计规定。不得有缺楞、掉角、暗痕和裂纹等缺陷。其性能指标均应符合现行国家标准的规定，釉面砖的吸水率不得大于10%。

3.2.2 水泥：普通硅酸盐水泥或矿渣硅酸盐水泥，强度不低于32.5级，若出厂日期超过三个月，应按试验结果使用。白水泥应采用符合《白色硅酸盐水泥》GB/T 2015—2017，强度不低于42.5级，并符合设计和规范质量标准的要求。

3.2.3 砂子：粗砂或中砂，用前过筛，含泥量不大于3%。

3.2.4 粘结剂：粘贴面砖所用水泥、砂、胶粘剂等材料均应进行复验，合格后方可使用。

3.2.5 机具：砂浆搅拌机、瓷砖切割机、手电钻、冲击电钻、铁板、阴阳角抹子、铁皮抹子、木抹子、托灰板、木刮尺、方尺、铁制水平尺、小铁锤、木槌、錾子、垫板、小白线、开刀、墨斗、小线坠、小灰铲、盒尺、钉子、红铅笔、工具袋等。

4　操作工艺

4.1　工艺流程

基层处理 → 吊垂直、套方、找规矩 → 贴灰饼 → 抹底层砂浆 → 弹线分隔 →

排砖 → 浸砖 → 镶贴面砖 → 面砖勾缝及擦缝

4.2　基层处理

4.2.1 基体为混凝土墙面时：将凸出墙面的混凝土剔平，对于基体混凝土表面很光滑的要凿毛，或用可掺界面剂胶的水泥细砂浆做小拉毛墙，也可刷界面剂，并浇水湿润基层。

4.2.2 基体为砖墙面时：抹灰前，墙面必须清扫干净，浇水湿润。

4.3 吊垂直、套方、找规矩、贴灰饼

4.3.1 基体为混凝土墙面时，高层建筑物应在四大角和门窗口边用经纬仪打垂直线找直；多层建筑物，可从顶层开始用特制的大线坠绷低碳钢丝吊垂直，然后根据面砖的规格尺寸分层设点、做灰饼，间距1.6m。横向水平线以楼层为水平基准线交圈控制，竖向垂直线以四周大角和通天柱或墙垛子为基准线控制，应全部是整砖。阳角处要双面排直。每层打底时，应以此灰饼作为基准点进行冲筋，使其底层灰做到横平竖直。同时要注意找好突出檐口、腰线、窗台、雨篷等饰面的流水坡度和滴水线（槽）。

4.3.2 基层为砖砌体墙时，吊垂直、套方、找规矩：大墙面和四角、门窗口边弹线找规矩，必须由顶层到底一次进行，弹出垂直线，并决定面砖出墙尺寸，分层设点、做灰饼（间距为1.6m）。横线则以楼层为水平基线交圈控制，竖向线则以四周大角和通天垛、柱子为基准线控制。每层打底时则以此灰饼作为基准点进行冲筋，使其底层灰做到横平竖直。同时要注意找好突出檐口、腰线、窗台、雨篷等饰面的流水坡度。

4.3.3 基层为加气混凝土墙时，同基层为混凝土墙面做法。

4.4 贴灰饼

用废釉面砖贴标准点，用做灰饼的混合砂浆贴在墙面上，用以控制贴釉面砖的表面平整度。

4.5 抹底层砂浆

4.5.1 基体为混凝土墙面时：10mm厚1∶3水泥砂浆打底，应分层分遍抹砂浆，随抹随刮平抹实，用木抹搓毛。

4.5.2 基体为砖墙面时：12mm厚1∶3水泥砂浆打底，打底要分层涂抹，每层厚度宜5～7mm，随即抹平搓毛。

4.6 弹线分格

待底灰六、七成干时，按图纸要求，按饰面砖规格及实际条件进行弹线，线纹要清晰、正确。

4.7 排砖

根据大样图及墙面尺寸进行横竖向排砖，以保证面砖缝隙均匀，符合设计图纸要求，注意大墙面、柱子和垛子要排整砖，以及在同一墙面上的横竖排列，均不得有小于1/4砖的非整砖。非整砖行应排在次要部位，如窗间墙或阴角处等。但亦注意一致和对称。如遇有突出的卡件，应用整砖套割吻合，不得用非整砖随意拼凑镶贴。

垫底尺、计算准确最下一皮砖下口标高，底尺上皮一般比地面低1cm左右，以此为依据放好底尺，要水平、安稳。

4.8 选砖、浸泡

面砖镶贴前，应挑选颜色、规格一致的砖；浸泡砖时，将面砖清扫干净，放入净水中浸泡2h以上，取出待表面晾干或擦干净后方可使用。

4.9 镶贴面砖

粘贴应自下而上进行。抹8mm厚1：0.1：2.5水泥石灰膏砂浆结合层，要刮平，随抹随自下而上粘贴面砖，要求砂浆饱满，亏灰时，取下重贴，并随时用靠尺检查平整度，同时保证缝隙宽度一致，可采用专用缝卡来控制面砖缝隙。

4.10 面砖勾缝及擦缝

贴完经自检无空鼓、不平、不直后，用棉丝擦干净，用勾缝胶、白水泥或拍干白水泥擦缝，用布将缝的素浆擦匀，砖面擦净。

5 质量标准

每个检验批每100m² 至少抽查一处，每处不得小于10m²。

5.1 主控项目

5.1.1 饰面砖的品种、规格、图案、颜色和性能应符合设计要求。

检查方法：观察，检查产品合格证书，进场验收记录和性能检测报告。

5.1.2 饰面砖粘贴的找平、防水、粘结和勾缝材料应符合设计要求及国家现行产品标准的规定。

检查方法：观察，检查产品合格证书，进场验收记录和性能检测报告。

5.1.3 饰面砖必须粘贴牢固。

检查方法：观察。

5.1.4 满粘法施工的饰面砖工程应无空鼓、裂缝。

检查方法：观察，小锤敲击。

5.2　一般项目

5.2.1　饰面砖应平整、洁净、色泽一致、无裂痕和缺损。

检查方法：观察。

5.2.2　阴阳角处搭接方式，非整砖使用部位应符合设计要求。

检查方法：观察。

5.2.3　墙面突出物周围的饰面砖应整砖套割吻合，边缘应整齐。墙裙、贴脸突出墙面的厚度应一致。

检查方法：观察。

5.2.4　饰面砖接缝应平直、光滑，填嵌应连续、密实；宽度和深度应符合设计要求。

检查方法：观察、尺量。

5.2.5　有排水要求的部位应做滴水线（槽）。滴水线（槽）应顺直，流水坡向应正确，坡度应符合设计要求。

检查方法：观察。

5.2.6　饰面砖粘贴的允许偏差应符合表 2-1 的规定。

饰面砖粘贴允许偏差（mm）

表 2-1

项目	允许偏差
立面垂直度	2
表面平整度	3
阴阳角方正	3
接缝直线度	2
接缝宽度	1
接缝高低差	1

6　成品保护

6.0.1　要及时清擦干净残留在门框上的砂浆，特别是铝合金等门窗宜粘贴保护膜，预防污染、锈蚀，施工人员应加以保护，不得碰坏。

6.0.2　合理安排施工顺序，少数工种（水、电、通风、设备安装等）的活应做在前面，防止损坏面砖。

6.0.3　油漆粉刷不得将油漆喷滴在已完的饰面砖上，如果面砖上部为涂料，宜先做涂料，然后贴面砖，以免污染墙面。若需先做面砖时，完工后必须采取贴纸或塑料薄膜等措施，防止污染。

6.0.4 各抹灰层在凝结前应防止风干、水冲和振动，以保证各层有足够的强度。

6.0.5 搬、拆架子时注意不要碰撞墙面。

6.0.6 装饰材料和饰件以及饰面的构件，在运输、保管和施工过程中，必须采取措施防止损坏。

7 注意事项

7.1 应注意的质量问题

7.1.1 严格按配合比拌和砂浆，砂子含泥量不大于3％，底灰与粘贴面砖的间隔时间不得跟得太紧，应隔天养护后再粘贴，以防空鼓、脱落。

7.1.2 抹底层灰时，应严格按工艺规程进行贴饼冲筋，刮杠刮平，木抹子搓平搓毛，并经检查合格后，方可进行下道工序，以免影响粘贴饰面砖的平整度和垂直度及观感质量。

7.1.3 应认真按设计要求的图纸尺寸，结合结构的施工实际情况进行分段、分块、弹线、排砖、选砖、粘贴，以免分格缝不匀、不直。粘贴完应按规定进行养护。

7.1.4 饰面砖勾完缝并清洗干净，经验收认可后，方可拆落脚手架。

7.2 应注意的安全问题

7.2.1 搭设脚手架及吊篮时，应严格按安全操作规程进行搭设，并设有防护栏。

7.2.2 用手提式切割机切割面砖时，应戴防护眼镜。

7.2.3 各种电气设备均应设有防漏电保护装置。并做到一机一闸、一漏一箱。且做到专人保管和使用。

7.3 应注意的绿色施工问题

7.3.1 在施工过程中应防止噪声污染，在施工场界噪声敏感区域宜选择使用低噪声的设备，也可以采取其他降低噪声的措施。

7.3.2 使用的饰面砖等材料必须符合环保要求。

7.3.3 抹灰时应防止砂浆掉入眼内，采用竹片或钢筋固定靠压尺板时，应防止竹片或钢筋回弹伤人。

7.3.4　工完场地清，使用完的材料和杂物必须清理干净。

8　质量记录

8.0.1　饰面砖产品合格证书、性能检测报告、进场验收记录和复验报告。

8.0.2　饰面砖粘贴工程的找平、防水、粘结和勾缝材料产品合格证书、复验报告。

8.0.3　饰面砖粘贴工程检验批质量验收记录。

8.0.4　饰面砖粘贴分项工程质量验收记录。

8.0.5　其他技术文件。

第3章　墙柱面贴陶瓷锦砖

本工艺标准适用于工业与民用建筑室内外墙、柱面粘贴陶瓷锦砖工程的施工。

1　引用标准

《住宅装饰装修工程施工规范》GB 50327—2001

《建筑装饰装修工程质量验收标准》GB 50210—2018

《建筑工程施工质量验收统一标准》GB 50300—2013

《陶瓷砖》GB/T 4100—2015

《陶瓷板》GB/T 23266—2009

《建筑陶瓷薄板应用技术规程》JGJ/T 172—2012

《建筑工程饰面砖粘结强度检验标准》JGJ 110—2008

《陶瓷砖胶粘剂》JC/T 547—2017

2　术语（略）

3　施工准备

3.1　作业条件

3.1.1　根据设计图纸要求，按照建筑物各部位的具体做法和工程量，事先挑选出颜色一致、规格相同的面砖，并分别堆放保管好。

3.1.2　预留孔洞及排水管已设置完毕，门窗框也已固定好，缝隙已填塞密实。铝合金门窗框边缝所用嵌缝材料应符合设计要求，并填塞密实，且事先粘贴好保护膜。

3.1.3　脚手架或吊篮已提前搭设好，多层房屋宜选用双排架和桥架，其横竖杆应距离墙面和门窗口各150～200mm。

3.1.4　墙面基层上的杂物已清理干净，且脚手眼已封堵完毕。

3.1.5　样板墙经设计单位、建设单位、监理单位共同认可后，方可进行施工。

3.1.6　施工环境温度在 5℃ 以上，当气温高于 35℃ 时，室外作业应采取遮阳措施。

3.2　材料及机具

3.2.1　陶瓷锦砖：应表面平整，颜色一致，每张长宽规格一致，尺寸正确，边棱整齐，一次进场。锦砖脱纸时间不得大于 40min。

3.2.2　水泥：普通硅酸盐水泥或矿渣硅酸盐水泥，其强度等级普通硅酸盐水泥不应低于 42.5 级，矿渣硅酸盐水泥不应低于 32.5 级，应有出厂合格证和复试报告，若出厂日期超过三个月，应按试验结果使用。

3.2.3　砂子：粗砂或中砂，用前应过筛，含泥量不大于 3%。

3.2.4　粘结剂：选用水溶性粘结剂，使用前应做试验确定掺量。

3.2.5　机具：地秤、铁板、孔径 5mm 筛子、窗纱筛子、手推车、大桶、小水桶、平锹、木抹子、钢板抹子（1mm 厚）、开刀、铁制水平尺、方尺、靠尺板、垫尺、大杠、中杠、小杠、灰槽、灰勺、米厘条、毛刷、鸡腿刷子、细钢丝刷、笤帚、大小锤子、粉线包、小线、擦布或棉纱、小铲、勾缝溜子、勾缝托灰板、托线板、线坠、盒尺、钉子、红铅笔、铅丝、工具袋等。

4　操作工艺

4.1　工艺流程

基层处理 → 吊垂直、贴饼冲筋 → 抹底层灰 → 排砖、弹线分格 →

粘贴陶瓷锦砖 → 揭纸调缝 → 刮浆勾缝

4.2　基层处理

4.2.1　基层为混凝土时，先将凸出墙、柱面的混凝土剔平，对大模板施工的混凝土墙面应凿毛，并用钢丝刷满刷一遍，再浇水湿润。若混凝土表面很光滑时，应先将表面尘土、污垢清扫干净、晾干，然后用 1：1 水泥细砂浆内掺入适量的粘结剂溶液，用笤帚将砂浆甩到墙、柱上，其甩点要均匀，终凝后浇水养护，直至水泥砂浆疙瘩全部粘结混凝土光面上。并有较高的强度（用手掰不动）

为止。

4.2.2 基层为砖砌体时,先将砖墙面上的舌头灰等清理干净,然后浇水湿润。

4.2.3 基层为加气混凝土墙时,先用水湿润加气混凝土表面,然后再刷一道聚合物水泥浆,再用1∶3∶9=水泥∶石灰膏∶砂子混合砂浆分层修补。

4.3 吊垂套方、贴饼冲筋

高层建筑时,应在四大角和门窗口边用经纬仪打垂直找直。多层建筑时,可从顶层开始用特制的大线坠吊垂直。再在阴阳角两侧贴饼找方。横线条以楼层为水平基准线为依据,拉通线进行控制。

4.4 抹底层砂浆

4.4.1 在混凝土及砖砌体墙上抹底层灰时,第一遍厚度宜为5mm,先用木刮杠刮平,然后用木抹子搓平搓毛,隔天浇水养护;待第一遍六至七成干后,即可抹第二遍,厚度约8～12mm,随即用刮杠刮平、木抹子搓平搓毛,隔天浇水养护。

4.4.2 在加气混凝土墙上抹底层灰时,用1∶1∶6混合砂浆抹底层灰,或经设计同意后,钉金属网一层并绷紧,再在金属网上分层抹1∶1∶6混合砂浆底层灰,用木抹子搓平搓毛,隔天浇水养护。

4.5 排砖、弹线分格

4.5.1 排砖:根据大样图及墙、柱面尺寸进行横竖向排砖,以保证面砖缝均匀。大墙面、通天柱子和垛子应排整砖、非整砖应排在次要部位,但也应对称出现。

4.5.2 弹线分格:待底层灰六至七成干时,即可按设计要求进行分段分格弹线。也可采取先贴基准点,再按每块面砖的平面尺寸沿横竖方向上钉钢钉挂通线的方法。

4.6 粘贴陶瓷锦砖

施工时应自上而下进行,高层建筑可分段或分块进行。在每一分段或分块内的陶瓷锦砖,均自下向上粘贴。粘贴时底层应浇水润湿,并在弹好水平线的下口上支一根垫尺,一般三人为一组进行操作。一人先刷掺适量粘结剂的素水泥浆一道,再抹2～3mm厚的混合灰粘结层,其配合比:纸筋∶石灰膏∶水泥=1∶1∶2(先把纸筋灰与石灰膏搅匀过3mm筛子,再和水泥搅匀),亦可采用1∶0.3水泥纸筋灰，用靠尺板刮平，再用抹子抹平；另一人将陶瓷锦砖铺在木托板上（麻面朝上），缝子里灌上 1：1 水泥细砂浆，用软毛刷子刷净麻面，再抹上薄薄一层灰浆，然后一张一张递给另一人，将四边灰刮掉，双手执住陶瓷锦砖上面两角 1/5 处，在已支好的垫尺上由下往上按线粘贴，如分格贴完一组，将米厘条放在上口线继续贴第二组。粘贴的高度应根据当时气温条件而定。

4.7　揭纸调缝

采取一手拿拍板，并将其靠在刚贴好的墙面上，另一手拿锤子对拍板满敲一遍（敲实、敲平），紧跟着将陶瓷锦砖上的纸用刷子刷上水，约等 20～30min 便可开始揭纸。揭开纸后检查缝子大小是否均匀，如出现歪斜、不正的缝子，应按先横后竖的顺序拨正贴实。

4.8　刮浆擦缝

陶瓷锦砖粘贴 48h 后，用刮板将拌和好的近似陶瓷锦砖颜色的水泥浆往缝子里刮满、刮实、刮严，再用擦布将表面擦净。遗留在缝子里的浮砂可用潮湿干净的软毛刷轻轻地带出，如需清洗饰面时，应待勾缝材料硬化后方可进行。起出米厘条的缝子要用 1：1 水泥砂浆勾严勾平，再用擦布擦净。

5　质量标准

每个检验批每 100m² 至少抽查一处，每处不得小于 10m²。

5.1　主控项目

5.1.1　陶瓷锦砖的品种、规格、颜色、图案必须符合设计要求。

检查方法：观察，检查产品合格证书，进场验收记录和性能检测报告。

5.1.2　陶瓷锦砖粘贴的找平、防水、粘结和勾缝材料应符合设计要求及国家现行产品标准的规定。

检查方法：观察，检查产品合格证书，进场验收记录和性能检测报告。

5.1.3　陶瓷锦砖粘贴必须牢固。

检查方法：观察、手扳、拉拔检测报告。

5.1.4　满粘法施工的陶瓷锦砖工程应无空鼓、裂缝。

检查方法：观察，小锤敲击。

5.2　一般项目

5.2.1　陶瓷锦表面砖应平整、洁净、色泽一致，无裂痕和缺损。

检查方法：观察，检查产品合格证书，进场验收记录和性能检测报告。

5.2.2　阴阳角处搭接方式、非整砖使用部位应符合设计要求。

检查方法：观察。

5.2.3　墙面突出物周围的陶瓷锦砖饰面套割应吻合，边缘应整齐。墙裙、贴脸突出墙面的厚度应一致。

检查方法：观察。

5.2.4　陶瓷锦砖接缝应平直、光滑，填嵌应连续、密实；宽度和深度应符合设计要求。

检查方法：观察，尺量。

5.2.5　有排水要求的部位应做滴水线（槽）。滴水线（槽）应顺直，流水坡向应正确，坡度应符合设计要求。

检查方法：观察。

5.2.6　陶瓷锦砖粘贴的允许偏差应符合表 3-1 的规定。

陶瓷锦砖的允许偏差　　　　　　　　表 3-1

项目	允许偏差（mm）	
	室外	室内
立面垂直度	3	2
表面平整度	4	3
阴阳角方正	3	3
接缝直线度	3	2
接缝高低差	1	1
接缝宽度	1	1

6　成品保护

6.0.1　镶贴好的陶瓷锦砖墙面应有切实可靠的防止污染的措施，一旦被污染应及时擦净残留在门窗框、扇上的砂浆。特别是铝合金门框、扇，应事先粘贴保护膜预防污染。

6.0.2　各抹灰层在凝结前，应采取防止风干、暴晒、水冲、撞击和振动的有效措施。

6.0.3　水电、通风、设备安装等工程，应做在陶瓷锦砖粘贴之前完成。

6.0.4 拆落脚手架时，应轻拆轻放，并设专人指挥拆落，以免碰坏墙面。

7 注意事项

7.1 应注意的质量问题

7.1.1 严格按配合比拌和砂浆、砂子含泥量不大于 3％，底灰与粘贴陶瓷锦砖的间隔时间不得跟得太紧，应隔天养护后再粘贴，以防空鼓、脱落。

7.1.2 抹灰层灰时，应严格按工艺规程进行贴饼冲筋，刮杠刮平，木抹子搓平搓毛，并经检查合格后，方可进行下道工序。以免影响粘贴陶瓷锦砖的平整度和垂直度及观感质量。

7.1.3 应认真按设计要求的图纸尺寸，结合结构的施工实际情况进行分段、分块、弹线、排砖、选砖粘贴，以免分格缝不匀、不直。粘贴完应按规定进行养护。

7.1.4 陶瓷锦砖勾完缝并清洗干净，经验收合格后，方可拆落脚手架。

7.2 应注意的安全问题

7.2.1 搭设脚手架及吊篮时，应严格按安全操作规程进行搭设，并设防护栏。

7.2.2 各种电气设备均应设有防漏电保护装置。并做到一机一闸、一漏一箱，且做到专人保管和使用。

7.2.3 在脚手架上放置材料、机具时，应分散平稳地放置，并不得超过规定荷载。

7.3 应注意的绿色施工问题

7.3.1 在施工过程中应防止噪声污染，在施工场界噪声敏感区域宜选择使用低噪声的设备，也可以采取其他降低噪声的措施。

7.3.2 使用的饰面砖等材料必须符合环保要求。

7.3.3 抹灰时应防止砂浆掉入眼内，采用竹片或钢筋固定靠压尺板时，应防止竹片或钢筋回弹伤人。

7.3.4 切割饰面砖、饰面板时应封闭，并尽量在白天作业，以减少噪声与扬尘污染。

7.3.5 做到工完场清，垃圾及时装袋清运，集中消纳。

7.3.6 施工现场工完场清，设专人洒水、打扫，不能扬尘污染环境。

8　质量记录

8.0.1　陶瓷锦砖产品合格证书、性能检测报告、进场验收记录和复验报告。

8.0.2　陶瓷锦砖粘贴工程的找平、防水、粘结和勾缝材料产品合格证书、复验报告。

8.0.3　外墙陶瓷锦砖样板件的粘结强度检测报告。

8.0.4　隐蔽工程检查验收记录。

8.0.5　饰面砖粘贴工程检验批质量验收记录。

8.0.6　饰面砖粘贴工程分项工程质量验收记录。

8.0.7　其他技术文件。

第4章 墙、柱面安装饰面板

本工艺标准适用于工业与民用建筑室内外墙、柱面安装高度超过 1m、边长大于 400mm、厚度 25mm 以上的饰面板工程。

1 引用标准

《住宅装饰装修工程施工规范》GB 50327—2001
《建筑装饰装修工程质量验收标准》GB 50210—2018
《建筑工程施工质量验收统一标准》GB 50300—2013
《人造板及饰面人造板理化性能试验方法》GB/T 17657—2013

2 术语（略）

3 施工准备

3.1 作业条件

3.1.1 结构已验收。水电、通风、设备等工程已安装完毕，并已备好加工饰面板所需的水、电源等。

3.1.2 室内墙面弹好 0.5m 标高线，室外墙面弹好±0.000 和各层水平标高控制线。

3.1.3 脚手架或吊篮已搭设好，多层房屋宜选用双排脚手架和桥架，其横竖杆应离开墙面门窗口各 150～200mm。

3.1.4 门窗框已立好，缝隙已填塞密实。铝合金门窗框边缝所用嵌缝材料应符合设计要求，并填塞密实，且事先粘贴好保护膜。

3.1.5 饰面板进场后应下垫方木堆放于室内。并对数量、规格进行核对，且预铺、配花、编号等工作已完成。

3.1.6 样板墙已经设计、建设、监理单位共同认可，方可展开施工。

23

3.1.7　施工环境温度应在 5℃ 以上，当气温高于 35℃ 时，室外作业应采取遮阳措施。

3.1.8　样板间的粘接强度检测报告符合施工方案要求。

3.2　材料及机具

3.2.1　饰面板：按照设计和图纸要求的规格、颜色等备料。表面不得有隐伤、风化等缺陷。不得用褪色的材料包装饰面板。

3.2.2　水泥：强度等级不低于 42.5 级普通硅酸盐水泥。

3.2.3　砂子：粗砂或中砂，用前过筛，含泥量不大于 3%。

3.2.4　其他材料：熟石膏、胶粘剂、铜丝、铅皮、硬塑料板条，配套挂件与饰面板颜色接近的各种石渣和矿物颜料、橡胶密封膏、填塞饰面板缝隙的专用塑料软管、用于天然石材的防碱背涂剂等。

3.2.5　机具地秤、铁板、半截大桶、小水桶、铁簸箕、平锹、手推车、塑料软管、胶皮碗、喷壶、合金钢扁錾子、合金钢钻头（$\phi5$ 打眼用）操作支架、台钻、铁水平尺、方尺、靠尺板、底尺、托线板、线坠、粉线包、高凳、木楔子、小型台式砂轮、裁改饰面板用砂轮、全套裁割机、开刀、灰板、木抹子、铁抹子、细钢丝刷、笤帚、大小锤子、小白线、擦布或棉纱、钳子、小铲、盒尺、钉子、红铅笔、毛刷、工具袋等。

4　操作工艺

4.1　工艺流程

钻孔切槽 → 穿铜丝 → 绑扎钢筋网 → 弹线 → 安装饰面板 → 灌浆 → 擦缝

4.2　钻孔切槽

先将饰面板按照设计要求用台钻打眼，事先应钉操作支架使钻头直对板材上端面，在每块板的上、下两个面打眼，孔位打在距板宽两端 1/4 处，每个面各打两个眼，孔径为 5mm，深度为 20mm，孔中心距石板背面以 8mm 为宜。如大理石或预制水磨石、磨光花岗岩板材宽度较大时，可以增加孔数。成孔后用切割机将饰面板背面的孔壁轻轻切一道槽，深 5mm 左右，连同孔眼形成象鼻眼，以备埋卧铜丝之用。

当饰面板规格较大时，特别是预制水磨石和磨光花岗岩板，如下端不好拴绑铜丝时，现场亦可在未镶贴饰面板的一侧，采用手提砂轮切割机，按规定在板高的 1/4 处上、下各开一槽，槽长约 30～40mm，槽深约 12mm，与饰面板背面打通，竖槽一般居中，亦可偏外，但以不损坏外饰面和不反碱为宜。先将铜丝卧槽内，再将其与钢筋网绑机固定。

4.3　穿铜丝

将备好的铜丝剪成长 200mm 左右，一端用木楔粘环氧树脂将铜丝楔进孔内固定牢固，另一端将铜丝顺孔槽弯曲并卧槽内，使饰面板上、下端面没有铜丝突出，以便和相邻饰面板接缝严密。

4.4　绑扎钢筋网

先剔出墙上预埋筋，再将墙面镶贴饰面板的部位清扫干净。然后绑扎一道竖向 $\phi6$ 钢筋，并把绑好的竖向筋用预埋筋弯压于墙面。横向钢筋为绑扎饰面板所用，当板材高度为 600mm 时，第一道横筋在地面以上 100mm 处与主筋绑牢，用作绑扎固定第一层饰面板下口的铜丝。第二道横筋绑在 0.5m 水平线上 70～80mm，比饰面板上口低 20～30mm 处，用于绑扎固定第一层饰面板上口的铜丝。再往上每隔 600mm 绑一道横筋即可。

4.5　弹线

首先将饰面板的墙面、柱面和门窗套用大线坠从上至下找出垂直（高层应用经纬仪找垂直）。考虑板材厚度、灌注砂浆的空隙和钢筋网所占尺寸，一般饰面板外皮距结构面的厚度应以 50～70mm 为宜。找出垂直后，然后在地面上顺墙弹出饰面板外廓尺寸线（柱面和门窗套等同），此线即为饰面板的安装基准线。编好号的板材在弹好的基准线上面画出就位线，每块留 1mm 缝隙，如设计要求拉开缝，则按设计规定留出缝隙。

4.6　安装饰面板

先按部位取饰面板并理顺铜丝，然后将饰面板就位，上口外仰，右手伸入饰面板背面，将饰面板下口铜丝绑扎在横筋上。绑扎时不宜太紧可留余量，只要将铜丝与横筋拴牢即可。下口绑扎完，将饰面板竖起，便可绑扎上口铜丝，并用木楔子垫稳。饰面板与基层间的缝隙一般为 30～50mm。用靠尺板检查调整木楔，再拴紧铜丝，依次逐块进行。第一层安装完毕应用靠尺板找垂直，水平尺找平整，方尺找阴阳角方正。在安装饰面板时，如发现其规格不准确或饰面板之间的空隙不符，应用铅皮垫牢，使石板之间缝隙均匀一致，并保持第一层饰面板上口的平直。找完垂直、平整、方正后，将调成粥状的熟石膏贴在板块的上下、左右接缝之间；安装室外饰面板时，则用胶粘剂将板缝粘结在一起。再用靠尺板检查有无变形，待石膏或胶粘剂硬化后方可灌浆。如设计有嵌缝塑料软管者，应在灌浆前塞放好。

4.7 灌浆

将1：2.5水泥砂浆放入半截大桶加水调成，稠度一般为80～120mm，用铁簸箕舀浆徐徐倒入，注意不得碰撞饰面板，边灌边用橡皮锤轻轻敲击饰面板面，使灌入砂浆形成的气体排出。第一层浇灌高度150mm，且不得超过饰面板高度的1/3，既起锚固饰面板的下口铜丝作用，又起固定饰面板作用。如发生饰面板外移错动，应立即拆除重新安装。

第一层灌浆后停1～2h，待砂浆初凝时应检查是否有移动，若无异常再进行第二层灌浆，灌浆高度一般为200～300mm，待初凝后再继续灌浆。第三层灌至低于板上口50～100mm处。

4.8 擦缝

饰面板安装完，先清除板缝处的石膏或胶粘剂等，然后用橡胶密封膏嵌刮平顺。当设计有要求时，按设计要求进行嵌缝。

5 质量标准

每个检验批每100m² 至少抽查一处，每处不得小于10m²。

5.1 主控项目

5.1.1 饰面板的品种、规格、颜色和性能应符合设计要求。

检查方法：观察，检查产品合格证书，进场验收记录和性能检测报告。

5.1.2 饰面板孔、槽的数量、位置和尺寸应符合设计要求。

检查方法：观察，尺量。

5.1.3 饰面板安装工程的预埋件或后置埋件及连接件的数量、规格、位置、连接方法和防腐处理必须符合设计要求。后置埋件的现场拉拔强度必须符合设计要求。饰面板安装必须牢固。

检查方法：观察，手扳检查，检查进场验收记录、现场拉拔检测报告、隐蔽工程验收记录和施工记录。

5.2 一般项目

5.2.1 饰面板表面应平整、洁净、色泽一致，无裂痕和缺损。石材表面应无反碱等污染。

检查方法：观察，检查产品合格证书，进场验收记录和性能检测报告。

5.2.2 饰面板嵌缝应密实、平直、宽度和深度应符合设计要求，嵌填材料色泽应一致。

检查方法：观察，尺量。

5.2.3 采用湿作业法施工的饰面工程，石材应进行防碱背涂处理。饰面板与基体之间的灌注材料应饱满、密实。

检查方法：观察。

5.2.4 饰面板上的滴水线应顺直；孔洞应套割吻合，边缘应整齐。

检查方法：观察。

5.2.5 饰面板安装的允许偏差应符合表 4-1 的规定。

饰面板安装的允许偏差（mm）　　　　表 4-1

项目	允许偏差						
	石材			瓷板	木材	塑料	金属
	光面	剁斧石	蘑菇石				
立面垂直度	2	3	3	2	2	2	2
表面平整度	2	3	—	2	1	3	3
阴阳角方正	2	4	4	2	2	3	3
接缝直线度	2	4	4	2	2	2	2
墙裙、勒脚上口直线度	2	3	3	2	2	2	2
接缝高低差	1	3	—	1	1	1	1
接缝宽度	1	2	2	1	1	1	1

6 成品保护

6.0.1 饰面板材柱面、门窗套等安装完后，应及时对所有面层的阳角用木板进行保护，同时应及时将残留在门窗框、扇上的砂浆清擦干净。特别是铝合金门框、扇，应事先粘贴保护膜预防污染。

6.0.2 饰面板材墙面安装或粘贴完，应及时贴纸或贴塑料薄膜保护，以保证墙面不被污染。

6.0.3 饰面板的结合层在凝结前应有防止风干、暴晒、水冲、撞击和振动的有效措施。

6.0.4　拆落脚手架时，应轻拆轻放，并设专人指挥拆落，以免损坏饰面板。

7　注意事项

7.1　应注意的质量问题

7.1.1　灌浆时应分层进行，且不得灌得过高，层与层之间也不得跟得过紧，以免出现接缝不平、高低差过大。

7.1.2　清理板面的石膏等残留物时，不得用力剔凿，以免板材受损、形成空鼓。

7.1.3　安装饰面板时，应在结构沉降稳定后进行。顶部和底部应留有一定的缝隙，以免结构压缩变形，使饰面板直接承重被压开裂。

7.1.4　如室内大面积安装饰面板时，而且是直接朝阳面时，宜采用干挂法施工，以免雨后反碱和温差过大而产生饰面板的脱落。

7.2　应注意的安全问题

7.2.1　搭设脚手架时，应严格遵照安全操作规程进行搭设，并设防护栏。

7.2.2　各种电气设备应设有防漏电保护装置，并做到一机一闸、一漏一箱，且由专人负责保管和使用。

7.2.3　在脚手架放置的材料、机具应分散平稳地放置，并不得超过规定的荷载。

7.3　应注意的绿色施工问题

7.3.1　在施工过程中应防止噪声污染，在施工场界噪声敏感区域宜选择使用低噪声的设备，也可以采取其他降低噪声的措施。

7.3.2　使用的饰面板等材料必须符合环保要求。

7.3.3　工完场地清，使用完的材料和杂物必须清理干净。

8　质量记录

8.0.1　饰面板等材料产品合格证书、性能检测报告、进场验收记录和复验报告。

8.0.2　后置埋件的现场抗拔检测报告。

8.0.3　隐蔽工程检查验收记录。

8.0.4　施工记录。

8.0.5　饰面板安装工程检验批质量验收记录。

8.0.6　饰面板安装分项工程质量验收记录。

8.0.7　其他技术文件。

第 5 章 石材饰面板安装

本工艺标准适用于工业与民用建筑高度不大于 24m、抗震设防烈度不大于 7 度的石材饰面板安装工程的施工。

1 引用文件

《住宅装饰装修工程施工规范》GB 50327—2001

《建筑装饰装修工程质量验收标准》GB 50210—2018

《建筑工程施工质量验收统一标准》GB 50300—2013

《饰面石材用胶粘剂》GB 24264—2009

《石材用建筑密封胶》GB/T 23261—2009

《建筑节能工程施工质量验收规范》GB 50411—2007

《天然石材装饰工程技术规程》JCG/T 60001—2007

《建筑装饰工程石材应用技术规程》DB11/T 512—2007

2 术语（略）

3 施工准备

3.1 作业条件

3.1.1 石材饰面板的主体结构已完成，并经验收合格。

3.1.2 主体结构上已按设计要求预埋铁件，或已有后置埋件的设计及相关力学性能计算书。

3.1.3 操作脚手架或吊篮已搭设好，架子宽度及距建筑物外皮尺寸满足操作要求，并经验收合格。

3.1.4 施工环境气温不应低于 5℃。

3.1.5 预埋件的粘接强度检测报告符合施工方案要求。

3.2　材料及机具

3.2.1　石材饰面板：品种、规格、颜色和性能（含室内花岗岩的放射性）应符合设计要求，有产品合格证书和性能检测报告。

3.2.2　金属骨架、埋件、膨胀螺栓、连接件、固定件：品种、规格、性能和防腐处理应符合设计要求。

3.2.3　粘结胶和密封胶：品种和性能应符合设计要求，有产品合格证书。

3.2.4　机具：台钻、开槽机、切割锯、冲击钻、力矩扳手、梅花扳手、嵌缝枪、钢尺、盒尺、水平尺、方尺、靠尺、线坠、电焊机、水平仪、经纬仪、凿子、扫帚等。

4　操作工艺

4.1　工艺流程

清理结构表面 → 测量放线 → 安装金属骨架 → 石材饰面板、连接件和固定件加工 → 安装石材饰面板 → 拼接缝注密封胶 → 清洁石材饰面板

4.2　清理结构表面

安装饰面板的结构表面和预埋件表面，将粘结的混凝土、砂浆及其他杂物剔凿并清理干净。

4.3　测量放线

对结构上预埋件进行全面测量，当结构上未设预埋件时，应根据设计要求安设后置埋件。当预埋件的偏差较大时，将测量结果提供给设计人员，必要时调整设计。根据金属骨架的布置设计和石材饰面板的排板设计，弹出金属骨架的水平控制线、竖向控制线，后置埋件的位置、标高控制线等。

4.4　安装金属骨架

4.4.1　后置埋件用膨胀螺栓或化学螺栓固定，后加螺栓每处应不少于2个，直径不小于10mm，长度不小于110mm。后置埋件安设后，应抽样进行拉拔试验，其拉拔强度应符合设计要求。

4.4.2　当基层为非承重内隔墙、空心砖墙、轻质混凝土空心砌块墙、加气混凝土墙等时，一般采用金属骨架干挂石材饰面板。金属骨架与预埋件或后置埋件的连接应符合设计规定，一般采用焊接连接，也可用连接件螺栓连接。金属骨

架安装时，应先安装竖向构件，后安装水平构件。

4.4.3　竖向构件的安装，应从下向上进行，并应先安装同立面两端竖向构件，再拉通线顺序安装中间竖向构件；安装时，依据水平控制线或竖向控制线及距结构表面尺寸，并吊线坠或用靠尺找直，先临时固定，待竖向构件安装完，用吊线坠和拉线方法进行复核校正后再正式固定。

4.4.4　水平构件的安装，在同一层内应从下向上进行；安装时，依据水平控制线并与石材饰面板的连接方式相适应，拉水平线绳，与竖向构件连接。

4.4.5　金属骨架与埋件间的连接，以及金属骨架竖向构件与水平构件间的连接，采用螺栓连接时，必须将螺栓紧固牢固；采用焊接连接时，焊缝长度和厚度应符合设计要求，焊接完成后，应做好焊接连接处的防腐防锈处理。

4.5　石材饰面板、连接件和固定件加工

4.5.1　石材饰面板厚度不应小于 25mm，面积不宜大于 $1m^2$。表面处理后的石材在车间用切割机切割，现场用手提切割机切割。石材加工后，连接部位不得有崩坏、暗裂等缺陷，其他部位崩边不大于 5mm×20mm，缺角不大于 20mm 时可修补后使用，但每层修补的石材块数不应大于 2%，且宜用于立面不明显部位；火烧石不得有暗裂、崩裂情况。石材加工后应编号标识，且与设计一致。

4.5.2　石材饰面板的钻孔或开槽，应符合设计要求。当采用钢销式端面安装时，应在石材上下端面钻孔；当采用通槽式端面安装时，应在石材上下端面开通槽；当采用短槽式端面安装时，应在石材上下端面开短槽；当采用背面短槽式安装时，应在石材背面开短槽。开通槽应在加工车间内完成，钻孔和开短槽宜在加工车间内完成，也可在现场进行。

4.5.3　钢销孔位应在石材厚度的正中，距离边端不得小于石材厚度的 3 倍，也不得大于 180mm；开孔间距不宜大于 600mm。边长不大于 1m 时，每端两孔；边长大于 1m 时，应在两侧端增加钢销孔或增加短槽式安装方式。孔深宜为 22～23mm，孔径宜为 7mm 或 8mm（比钢销直径大 2mm）。开孔时应将石材固定，放出孔位，用台钻或冲击钻钻孔。应严格控制孔深、垂直度和钻孔速度。石材钢销孔处不得有损坏或崩裂现象，孔径内应光滑、洁净。

4.5.4　通槽在加工车间用开槽机开槽，宜采用水平位置送件，刀片水平位置旋转，严格控制刀片与台面的距离，保证槽口在石材厚度方向居中，槽宽宜为 6～7mm，槽深宜为 17～22mm，且宜浅不宜深。石材开槽后不得有损坏或崩裂

现象，槽口应打磨成 45°倒角，槽内应光滑、洁净。

4.5.5 短槽数量为每端面两个，背面短槽可代替同数量的端面短槽；短槽边距离石材端部不应小于石材厚度的 3 倍，且不应小于 85mm，也不应大于180mm；短槽长度不应小于 100mm；有效长度内槽深不宜小于 15mm，但背面短槽的槽深应严格控制；槽宽宜为 6mm 或 7mm。短槽在加工车间用开槽机开槽，现场用手提砂轮机开槽，应严格控制槽的位置、长度和宽度。石材开槽后不得有损坏或崩裂现象，槽口应打磨成 45°倒角，槽内应光滑、洁净。

4.5.6 连接件和固定件一般在车间加工，其材质、规格尺寸均应符合设计要求。连接件一般采用角码或连接板。固定件的形式随安装方式而定，钢销式安装时为钢销，通槽和短槽式安装时为支撑板。钢销和连接板应采用不锈钢，钢销直径宜为 5mm 或 6mm，长度宜为 20～30mm；连接板截面尺寸不宜小于 40mm×4mm。不锈钢支撑板厚度不宜小于 3.0mm，铝合金支撑板厚度不宜小于 4.0mm。

4.6 安装石材饰面板

4.6.1 连接件、连接板、支撑板的位置应与石材上的孔位或槽位相对应。石材饰面板与结构面或金属骨架间的净距离一般为 50～70mm。连接件与金属骨架、预埋件或后置埋件一般采用焊接连接，也可采用螺栓连接，应符合设计要求。连接件安装时，按放线位置、标高焊接或螺栓连接，焊缝长度、厚度应符合设计要求，螺栓应紧固。

4.6.2 石材饰面板安装前，应将石材孔内、槽内以及钢销、连接板、支撑板等清理干净。石材与钢销、支撑板等固定件用粘结胶粘结。安装应逐层从下向上顺序进行。每层安装时，应先安装两端和门窗口边的石材，拉水平线安装中间部位石材。每块石材安装时，先安装石材下端连接板或支撑板，用螺栓临时固定，先试装，当连接板孔位与钢销位置或槽位与支撑板位置相吻合时，用螺栓正式固定连接板或支撑板，并在石材孔内或槽内注满粘结胶，使石材就位，临时固定石材，并对其平整度、垂直度、缝宽、接缝直线度、高低差和阴阳角方正等进行检查校正，符合要求后，刮除多余的粘结胶，粘结剂固化后，在石材上端孔或槽内填粘结剂，安装上端连接板或支撑板。每一层石材安装完后再检查一遍，符合要求后安装上一层石材。石材板缝根据设计缝宽垫定制塑料垫块控制。应注意连接板、支撑板的安放标高，应紧托上层石材板，而与下层石材板间留有孔隙。窗套顶板和其他悬吊板宜用短槽式或通槽式并辅以背面短槽式安装方法，窗台板宜采用背面短槽式安装方法。

4.6.3 当墙面上有突出物时，石材用钻孔或切割等方法套割孔洞，使孔洞边缘整齐，与突出物边缘吻合。

4.7　拼接缝注密封胶

密封胶的种类和嵌填厚度应符合设计要求，密封胶一般用低模数中性硅酮胶。清除拼接缝内杂物，选用 40mm 宽胶带纸作为防污条，沿石材边和突出物边粘贴，使与边缘贴齐，与石材面和突出物面贴牢；在缝隙内嵌塞直径略大于缝宽的海棉条，塞填深度应满足密封胶的厚度；在拼接缝内海棉条外用嵌缝枪打入密封胶，并立即用胶筒或刮刀刮平；注胶时用力要匀，走枪要稳而慢，使密封胶饱满、连续、严密、均匀、平直、无气泡。并注意避免在雨天、高温和气温低于 5℃时进行注胶作业。

4.8　清洁石材饰面板

掀掉防污条，用棉纱将石材面擦净，若有胶或其他粘结牢固的杂物时，用开刀铲除，用棉纱蘸丙酮擦至干净，使石材面洁净无污染。

5　质量标准

每个检验批每 $100m^2$ 至少抽查一处，每处不得小于 $10m^2$。

5.1　主控项目

5.1.1 石材饰面板的品种、规格、颜色和性能应符合设计要求。

检查方法：观察，检查产品合格证书，进场验收记录和性能检测报告。

5.1.2 石材饰面板孔、槽的数量、位置和尺寸应符合设计要求。

检查方法：观察，尺量。

5.1.3 石材饰面板安装工程的预埋件（或后置埋件）、连接件的数量、规格、位置、连接方法和防腐处理必须符合设计要求。后置埋件的现场拉拔强度必须符合设计要求。饰面板安装必须牢固。

检查方法：观察，手扳检查，检查进场验收记录、现场拉拔检测报告、隐蔽工程验收记录和施工记录。

5.2　一般项目

5.2.1 石材饰面板表面应平整、洁净，色泽一致，无泛碱等污染，无裂痕和缺损。

检查方法：观察，检查产品合格证书，进场验收记录和性能检测报告。

5.2.2 石材饰面板嵌缝应密实、平直，宽度和深度应符合设计要求，嵌填材料色泽应一致。

检查方法：观察，尺量。

5.2.3 石材饰面板上的孔洞应套割吻合，边缘应整齐。

检查方法：观察。

5.2.4 石材饰面板安装的允许偏差应符合表5-1的规定。

石材饰面板安装的允许偏差　　　　　　　　　　　　　表 5-1

项目	允许偏差（mm）		
	光面	剁斧石	蘑菇石
立面垂直度	2	3	3
表面平整度	2	3	—
阴阳角方正	2	4	4
接缝直线度	2	4	4
墙裙、勒脚上口直线度	2	3	3
接缝高低差	1	3	—
接缝宽度	1	2	2

6 成品保护

6.0.1 施工过程中，随时清除石材饰面板上的粘结物。

6.0.2 架子翻改和拆除时，避免碰撞石材饰面板。

6.0.3 阳角、柱角等突出部位做护角保护。

6.0.4 石材饰面板上部进行其他工序施工时，应对饰面板覆盖防护。

7 注意事项

7.1 应注意的质量问题

7.1.1 在施工前，应根据墙面尺寸、门窗洞口位置、尺寸、勒脚尺寸、装饰线条、接缝宽度等进行排板设计，以实现总体装饰效果。

7.1.2 对石材进行安装前的预排和挑选，使整体墙面的色泽协调一致，防止有缺边掉角、裂缝和严重擦伤的石材上墙。

7.1.3 在饰面板安装过程中，用靠尺、直角尺、拉线绳等方法进行检查，不符合要求的及时处理。

7.1.4 石材孔、槽和固定件应清理干净，孔、槽内应灌填足够的粘结剂，使饰面板固定牢固。

7.1.5　接缝注胶应连续、密实，外墙石材饰面板应防止渗漏。

7.2　应注意的安全问题

7.2.1　操作脚手架必须搭设牢固，防护齐全有效，架上禁止超载。上下交叉作业时，应相互错开，禁止同一工作面上下同时施工。

7.2.2　石材装卸搬运时，应轻拿轻放，防止伤人。

7.2.3　石材钻孔、切割应由熟练工人操作，操作时应戴防护眼镜。

7.2.4　设备和工具的防护必须符合规定。

7.3　应注意的绿色施工问题

7.3.1　在施工过程中应防止噪声、扬尘污染，在施工场界噪声敏感区域宜选择使用低噪声的设备，也可以采取其他降低噪声的措施，加工时产生的扬尘应有效控制。

7.3.2　使用的石材、胶等材料必须符合环保要求。

7.3.3　AB 胶、耐候密封胶等应储存在阴凉通风的室内，避免雨淋、日晒、低温、受潮变质，并远离火源、热源。

7.3.4　切割饰面砖、饰面板时应封闭，并尽量在白天作业，以减少噪声与扬尘污染。

7.3.5　做到工完场清，垃圾及时装袋清运，集中消纳。

7.3.6　施工现场工完场清，设专人洒水、打扫，不能扬尘污染环境。

8　质量记录

8.0.1　材料的产品合格证书、性能检测报告、进场验收记录和复验报告。

8.0.2　室内用花岗岩的放射性检测报告。

8.0.3　后置埋件的现场拉拔检测报告。

8.0.4　隐蔽工程检查验收记录。

8.0.5　施工记录。

8.0.6　饰面板安装工程检验批质量验收记录。

8.0.7　饰面板安装分项工程质量验收记录。

8.0.8　其他技术文件。

第6章 金属饰面板安装

本工艺标准适用于工业与民用建筑工程的内外墙面、屋面、顶棚等各种高度不大于 10m 的构件式金属饰面板安装工程。亦可与玻璃幕墙或大玻璃窗配套应用，以及在建筑物四周的转角部位、玻璃幕墙的伸缩缝、水平部位的压顶等配套应用。

1 引用标准

《住宅装饰装修工程施工规范》GB 50327—2001

《建筑装饰装修工程质量验收标准》GB 50210—2018

《建筑工程施工质量验收统一标准》GB 50300—2013

《建筑节能工程施工质量验收规范》GB 50411—2007

2 术语（略）

3 施工准备

3.1 作业条件

3.1.1 安装金属饰面板墙的混凝土和墙面抹灰已完成，且经过干燥，含水率不高于 8％；木材制品不得大于 12％。

3.1.2 水电及设备、顶墙上预留预埋件已完。垂直运输的机具均事先准备好。

3.1.3 脚手架（高层多用吊篮或吊架子）应提前支搭和安装好，多层房屋宜选用双排脚手架或桥架，其横竖杆及拉杆等应离开墙面和门窗口角 150～200mm。架子的步高和支搭要符合施工要求和安全操作规程。

3.1.4 施工环境温度不应低于 5℃。

3.1.5 要事先检查安装饰面板工程的基层，并作好隐预检记录，合格后方可进行安装工序。

3.1.6 对施工人员进行技术交底时，应强调技术措施、质量要求和成品保护。大面积施工前应先做样板间，经质检部门鉴定合格后，方可组织班组施工。

3.2 材料

3.2.1 铝合金板：用于装饰工程的铝合金板，其品种和规格较多。从表面处理方法分，有阳极氧化处理及喷涂处理。从常用的色彩分：有银白色、古铜色、金色等。从几何尺寸分：有条形板和方形板。条形板的宽度多为 80～100mm，厚度多为 0.5～1.5mm，长度 6m 左右。方形板包括正方形、长方形等。用于高层建筑的外墙板，单块面积一般较大，刚度和耐久性要求高，因而板要适当厚一些，甚至要加设肋条。从装饰效果分：有铝合金花纹板、铝质浅花纹板、铝及铝合金波纹板、铝及铝合金压型板等。

3.2.2 彩色涂层钢板：原板多为热轧钢板和镀锌钢板。为提高钢板的防腐蚀性能和表面性能，须涂覆有机、无机或复合涂层，其中以有机涂层钢板发展较快，常用的有机涂层为聚氯乙烯，此外还有聚丙烯酸酯、环氧树脂、醇酸树脂等。涂层与钢板的结合方法有薄膜层压法和涂料涂覆法。彩色涂层钢板的主要用途可作屋面板和墙板等。具有耐腐蚀、耐磨、绝缘等性能。塑料与钢板的剥离强度≥20N/cm。

3.2.3 骨架材料：是由横竖杆件拼成，主要材质为铝合金型材或型钢等。因型钢较便宜、强度高、安装方便，所以多数工程采用角钢或槽钢。但骨架应预先进行防腐处理，严禁黑铁进楼。

3.2.4 固定骨架的连接件：主要是膨胀螺栓、铁垫板、垫圈、螺帽及与骨架固定的各种设计和安装所需要的连接件，其质量必须符合要求。

3.2.5 其他：五金配件、各种构件及组件、橡胶条、橡胶垫等。

4 操作工艺

4.1 工艺流程

原则上是自下而上安装墙面。

吊直、套方、找规矩、弹线 → 固定骨架的连接件 → 固定骨架 →

金属饰面板安装 → 收口构造

4.2　吊直、套方、找规矩、弹线

首先根据设计图纸的要求和几何尺寸，要对镶贴金属饰面板的墙面进行吊直、套方、找规矩并一次实测和弹线，确定饰面墙板的尺寸和数量。

4.3　固定骨架的连接件

骨架的横竖杆件是通过连接件与结构固定的，而连接件与结构之间，可以与结构的预埋件焊牢，也可以在墙上打膨胀螺栓。因后一种方法比较灵活，尺寸误差较小，容易保证位置的准确性，因而实际施工中采用得比较多。须在螺栓位置画线按线开孔。

4.4　固定骨架

骨架应预先进行防腐处理。安装骨架位置要准确，结合要牢固。安装后应全面检查中心线、表面标高等。对高层建筑外墙，为了保证饰面板的安装精度，宜用经纬仪对横竖杆件进行贯通。变形缝、沉降缝等应妥善处理。

4.5　金属饰面安装

4.5.1　墙板的安装顺序是从每面墙的边部竖向第一排下部第一块板开始，自下而上安装。安装完该面墙的第一排再安装第二排。每安装铺设 10 排墙板后，应吊线检查一次，以便及时消除误差。为了保证墙面外观质量，螺栓位置必须准确，并采用单面施工的钩形螺栓固定，使螺栓的位置横平竖直。固定金属饰面板的方法，常用的主要有两种。一是将板条或方板用螺丝拧到型钢或木架上，这种方法耐久性较好，多用于外墙。二是将板条卡在特制的龙骨上，此法多用于室内。

4.5.2　板与板之间的缝隙一般为 10～20mm，多用橡胶条或密封箭弹性材料处理。当饰面板安装完毕，要注意在易于被污染的部位要用塑料薄膜覆盖保护。易被划、碰的部位，应设安全栏杆保护。

4.6　收口构造

4.6.1　水平部位的压顶、端部的收口、伸缩缝的处理、两种不同材料的交接处理等，不仅关系到装饰效果，而且对使用功能也有较大的影响。因此，一般多用特制的两种材质性能相似的成型金属板进行妥善处理。

4.6.2　构造比较简单和转角处理方法，大多是用一条较厚的（1.5mm）的直角形金属板，与外墙板用螺栓连接固定牢。

4.6.3　窗台、女儿墙的上部，均属于水平部位的压顶处理即用铝合金板盖住，使之能阻挡风雨浸透。水平桥的固定，一般先在基层焊上钢骨架，然后用螺栓将盖板固定在骨架上。盖板之间的连接直采取搭接的方法（高处压低处，搭接宽度符合设计要求，并用胶密封）。

4.6.4 墙面边缘部位的收口处理，是用颜色相似的铝合金成形板将墙板端部及龙骨部位封住。

4.6.5 墙面下端的收口处，是用一条特制的披水板，将板的下端封住，同时将板与墙之间的缝隙盖住，防止雨水渗入室内。

4.6.6 伸缩缝、沉降缝的处理，首先要适应建筑物伸缩、沉降的需要，同时也应考虑装饰效果。另外，此部位也是防水的薄弱环节，其构造节点应周密考虑。一般可用氯丁橡胶带起连接、密封作用。

4.6.7 墙板的外、内包角及钢窗周围的泛水板等须在现场加工的异形件，应参考图纸，对安装好的墙面进行实测套足尺，确定其形状尺寸，使其加工准确、便于安装。

5　质量标准

每个检验批每 $100m^2$ 至少抽查一处，每处不得小于 $10m^2$。

5.1　主控项目

5.1.1 金属饰面板的品种、质量、颜色、花型、线条必须符合设计要求，要有产品合格证。

检查方法：观察，检查产品合格证书，进场验收记录和性能检测报告。

5.1.2 墙体骨架如采用钢龙骨时，其规格、形状必须符合设计要求，要认真进行除锈、防腐处理。板面与骨架的固定必须牢固，不得松动。

检查方法：观察，手扳检查、检查产品合格证书、进场验收记录。

5.2　一般项目

5.2.1 金属饰面板安装，当设计无要求时，宜采用抽芯铝铆钉，中间必须垫橡胶垫圈。抽芯铝铆钉间距以控制在 $100\sim150mm$ 为宜。

检查方法：观察。

5.2.2 安装突出墙面的窗台、窗套凸线等部位的金属饰面时，裁板尺寸应准确、边角整齐光滑，搭接尺寸及方向应正确。

检查方法：观察。

5.2.3 板材安装时严禁采用对接。搭接长度应符合设计要求，不得有透缝现象。

检查方法：观察。

5.2.4 当外墙内侧骨架安装完后，应及时浇筑混凝土导墙，其高度、厚度及混凝土强度等级应符合设计要求，若设计无要求时，可按踢脚作法处理。

检查方法：观察、尺量、进场验收记录和性能检测报告。

5.2.5 保温材料的品种、堆集密度应符合设计要求，并应填塞饱满，不留空隙。

检查方法：观察，尺量、进场验收记录和性能检测报告。

5.2.6 金属饰面表面应平整、洁净，色泽协调、无变色、泛碱、污痕和显著的光泽受损处。

检查方法：观察。

5.2.7 金属饰面板接缝应填嵌密实、平直、宽窄均匀，颜色一致。阴阳角处的板搭接方向正确。

检查方法：观察。

5.2.8 突出物周围的板应套割吻合，边缘整齐；墙裙、贴脸等突出墙面的厚度一致。

检查方法：观察。

5.2.9 流水坡向正确，滴水线（槽）顺直。

检查方法：观察、尺量。

5.3 允许偏差项目，见表6-1。

金属饰面板安装允许偏差 表6-1

项次	项目	允许偏差（mm）	检验方法
1	立面垂直度	2	用2m垂直检测尺检查
2	表面平整度	3	用2m靠尺和塞尺检查
3	阴阳角方正	3	用200m直角检测尺检查
4	接缝直线度	2	拉5m线，不足5m拉通线，用钢直尺检查
5	墙裙、勒脚上口直线度	2	拉5m线，不足5m拉通线，用钢直尺检查
6	接缝高低差	1	用钢直尺和塞尺检查
7	接缝宽度	1	用钢直尺检查

6　成品保护

6.0.1　要及时清擦干净残留在门窗框和金属饰面板上的污物如密封胶、手印、水等杂物，宜粘贴保护膜，预防污染、锈蚀。

6.0.2　认真贯彻合理施工顺序，少数工种（水、电、通风、设备安装等）的活应做在前面，防止损坏、污染金属面板。

6.0.3　拆除架子时注意不要碰撞金属饰面板。

6.0.4　各种构件及组件等应分类、分规格码放在专用库房内，不得在上面压放重物；搬运时应轻拿轻放，防止碰坏划伤。

6.0.5　金属板应倾斜立放，倾斜角不大于 10°，地面上应有垫木；搬运时应两人抬运，不得推拉，以免损坏表面氧化膜或涂层；加工工作台应平整，干净，无突起异物伤及金属板表面。

6.0.6　金属板及金属构件表面应有防护膜，清洗前方可去除。

6.0.7　电焊作业时，应对附近的金属面板遮挡防护，避免烧伤。

6.0.8　施工中金属面板及其构件表面的粘附物应及时清除。

7　注意事项

7.1　应注意的质量问题

7.1.1　漏：饰面板安装要保证密封严实。首先要从每安装一块饰面板起，就必须严格按照规范规程去认真施工，尤其是收口构造的各部位必须处理好，质检部门检查要及时到位。

7.1.2　打胶、嵌缝：这与漏有非常密切的关系，如干不好会出大事。据不完全的统计，打胶、嵌缝造成渗漏和返工，占玻璃幕墙、金属饰面板和铝合金门窗安装工程量约 30%，是三种外装饰工程质量通病的大头，因此要重视打胶、嵌缝这道工序。

7.1.3　分格缝不匀、不直：主要是施工前没有认真按照图纸尺寸，核对结构施工的实际尺寸，加上分段分块弹线不细、拉线不直和吊线检查不勤等造成。

7.1.4　墙面脏：其主要原因是多方面的：一是操作工艺造成，即自下而上的安装方法和工艺直接给成品保护带来一定的难度，越是高层其难度就越大；二是操作人员必须养成随干随清擦的良好习惯；三是要加强成品保护的管理和教育工作;四是竣工前要自上而下地进行全面的清擦工作。还要注意清擦使用的工具。材料必须符合各种金属饰面板有关使用说明。

7.2 应注意的安全问题

7.2.1 搭设脚手架时,应严格遵照安全操作规程进行搭设,并设防护栏。

7.2.2 各种电气设备应设有防漏电保护装置,并做到一机一闸、一漏一箱。且由专人负责保管和使用。

7.2.3 在脚手架放置的材料、机具应分散平稳地放置。并不得超过规定的荷载。

7.3 应注意的绿色施工问题

7.3.1 在施工过程中应防止噪声、扬尘污染,在施工场界噪声敏感区域宜选择使用低噪声的设备,也可以采取其他降低噪声的措施,加工时产生的扬尘应有效控制。

7.3.2 使用的金属板、胶等材料必须符合环保要求。

7.3.3 密封胶等应储存在阴凉通风的室内,避免雨淋、日晒、低温、受潮变质,并远离火源、热源。

7.3.4 工完场地清,使用完的材料和杂物必须清理干净。垃圾及时装袋清运,集中消纳。

7.3.5 施工现场工完场清,设专人洒水、打扫,不能扬尘污染环境。

8 质量记录

8.0.1 金属饰面板所用各种材料、五金配件、构件及组件的产品合格证书及性能检测报告、进场验收记录和复验报告。

8.0.2 硅酮结构胶的认定证书和抽检合格证明;进口硅酮结构胶的商检证;国家指定机构出具的硅酮结构胶相容性和剥离粘结性试验报告;铝塑复合板的剥离强度测试记录。

8.0.3 后置埋件的现场拉拔强度检测报告。

8.0.4 隐蔽工程检查验收记录。

8.0.5 金属面板的抗风压性能、空气渗透性能、雨水渗漏性能及平面变形性能检测报告。

8.0.6 金属板安装工程检验批质量验收记录。

8.0.7 金属板安装工程分项工程质量验收记录。

第 2 篇 幕　　墙

第 7 章　隐框和半隐框玻璃幕墙安装

本工艺标准适用于工业与民用建筑隐框和半隐框玻璃幕墙的安装。

1　引用标准

《玻璃幕墙工程技术规范》JGJ 102—2003

《钢结构设计标准》GB 50017—2017

《建筑结构荷载规范》GB 50009—2012

《建筑幕墙》GB/T 21086—2007

《铝合金建筑型材》GB/T 5237—2017

《建筑用安全玻璃　第 2 部分：钢化玻璃》GB 15763.2—2005

《中空玻璃》GB/T 11944—2012

《建筑用硅酮结构密封胶》GB 16776—2005

《建筑设计防火规范》GB 50016—2014

《建筑抗震设计规范》GB 50011—2010

《建筑物防雷设计规范》GB 50057—2010

《混凝土结构后锚固技术规程》JGJ 145—2013

《建筑装饰装修工程质量验收标准》GB 50210—2018

2　术语（略）

3　施工准备

3.1　作业条件

3.1.1　安装幕墙的主体结构（钢结构、钢筋混凝土结构和楼面工程等）已完工，并按国家有关规范验收合格。

3.1.2 预埋件在主体结构施工时，已按设计要求埋设牢固，位置准确。

3.1.3 幕墙安装所用的吊装机具、工位转运器具、脚手架、吊篮等设置完好，障碍物已拆除。

3.1.4 对幕墙可能造成污染或损伤的分项工程，应在幕墙安装施工前完成，或采取了安全可靠的保护措施。

3.1.5 设置的幕墙单元部件和安装附件存放的临时库房应能防风雨、防日晒，所有器材入场后均能定置、定位摆放，不得直接落地堆放。

3.1.6 幕墙安装施工队伍建立了明确的安全生产、文明生产管理责任制。

3.1.7 幕墙安装施工计划和施工技术方案已得到总包技术部门的审批。对各分项工程进行协调，将幕墙安装纳入建筑工程施工总计划之中。

3.1.8 在幕墙安装作业面楼板边沿清理出 5～8m 宽的作业面，作业面内不允许存在任何可移动的障碍物，并在幕墙安装作业面楼层底部楼层架好安全防护网。

3.2 材料及机具

对于进入工厂制作和进入建筑安装现场的材料（成品部件、构件），其材质、规格、型号、尺寸、外观、颜色等应符合国家相关的规定和幕墙设计的特殊功能要求规定。

3.2.1 钢材

1 幕墙所使用的钢材，包括碳素结构钢、合金结构钢、耐候钢、不锈钢（板材、棒材、型材等）。其材料的牌号与状态、化学成分、机械性能、尺寸允许偏差、精度等级等，均应符合现行国家和行业标准的规定要求。

2 碳素结构钢和结构钢应进行有效的防腐处理。当采用热浸镀锌处理时，其膜厚应≥45μm。

3.2.2 铝合金材料

1 幕墙所使用的铝合金材料，包括铝合金建筑型材、铝及铝合金轧制板材的材料牌号与状态、化学成分、机械性能、表面处理、尺寸允许偏差、精度等级，均应符合现行国家标准规定要求。

2 铝合金型材应符合《铝合金建筑型材》GB/T 5237—2017 对型材尺寸及允许偏差的规定。幕墙铝型材应采用高精度级，其阳极氧化膜厚度不低于 15μm。

3　以穿条形式生产的隔热铝型材，隔热材料应使用 PA66GF25（聚酰胺 66 加 25％玻璃纤维）材料，严禁采用 PVC 材料。用浇注工艺生产的隔热铝型材，其隔热材料应使用 PU（聚氨酯化合物）材料。

4　铝合金型材表面清洁，色泽均匀。不应有皱纹、裂纹、起皮、腐蚀斑点、气泡、电灼伤、流痕、发黏以及膜（涂）层脱落等缺陷存在。

3.2.3　紧固件

幕墙所使用的各类紧固件，如螺栓、螺钉、螺柱、螺母和抽心铆钉等紧固件机械性能，均应符合现行国家标准规定要求。

3.2.4　密封胶

1　幕墙所采用的结构密封胶、建筑耐候密封胶、中空玻璃二道密封胶、防火密封胶等均应符合现行国家标准规定要求。

2　同一单位幕墙必须采用同一牌号和同一批号的硅酮密封胶。

3　任何情况下，各类硅酮胶要在有效期内使用，不准使用过期产品。

4　硅酮结构密封胶、硅酮耐候胶在使用时应提供与所接触材料的相容性试验合格报告和力学试验合格报告以及保质年限的质量证明文件。

3.2.5　玻璃

1　玻璃是幕墙的主要材料之一，幕墙玻璃要承受荷载，必须具备一定的力学性能，幕墙玻璃的机械、光学及热工性能、尺寸偏差等，均应符合现行国家标准规定要求。

2　玻璃幕墙使用的玻璃，应进行厚度、边长、外观质量、应力和边缘处理情况的检验。

3　玻璃幕墙使用的玻璃必须采用安全玻璃，钢化玻璃宜经过均化处理。

4　玻璃幕墙的中空玻璃应采用双道密封。隐框及半隐框玻璃幕墙的中空玻璃的二道密封必须采用硅酮结构密封胶。

3.2.6　主要安装机具

1　幕墙安装应配备足够数量的转运运输车辆、装卸吊运起重机械、工序间专用的工位工装器具。

2　幕墙安装机具主要有：垂直与水平运输机具（含脚手架或吊篮）、电动或手动吸盘、电焊机、注胶机具、清洗机具、扭矩扳手、普通扳手、测厚仪、铅垂仪、激光经纬仪、水平仪、钢卷尺、水平尺、靠尺、角尺等。

3 幕墙组件的转运，应设计配置专用的，能防止碰撞、防挤压的包装转运吊架。幕墙组件的装卸，应采用桁吊、塔吊、龙门吊、卷扬机等起重机机具进行作业，所使用的吊索具应安全可靠。

4 板块组件的搬运、吊装，应设置专用的可移动钢平台、运送车、存放架、简易龙门架、定位卷扬机等搬运工位机具。每个操作班应设专人对设备机具进行保养检查，并填写保养检查记录。

5 幕墙安装放线、定位、检测所使用的全站仪、激光经纬仪、经纬仪、水平仪、水平尺等测量器具，应经计量监督检测部门检定合格，并在有效期内使用。

6 幕墙安装所使用的电动（手动）测力扳手等手动工具应设专人校核检测，并填写校核记录，量值不准的器具不准使用。其他紧固工具和一般检测尺表均应处于良好状态，并有专人保管。

7 幕墙安装应配置对讲通信设备，对不同职能人员设置不同的频率，以便更好地指挥安装作业。

4 操作工艺

4.1 工艺流程

测量放线 → 复查预埋件及安装后置埋件 → 立柱和横梁加工 → 立柱安装 →

横梁安装 → 防雷装置安装 → 保温层、防火隔离带安装 → 玻璃安装 →

注胶及变形缝密封 → 擦洗玻璃 → 擦洗玻璃

4.2 测量放线

4.2.1 根据建筑的主要轴线控制线，对照主体结构上的竖向轴线，用经纬仪和钢尺复核后，在各楼板边或墙面上，弹出立柱中心线和控制线并标识。

4.2.2 用水准仪和钢尺，从水准基点复测各楼层标高，并在楼板边或柱、墙上，弹出控制标高线并标识。

4.2.3 用经纬仪测量出玻璃幕墙外立面的控制线，在楼板上或柱面、墙面上弹线并标识。

4.2.4 当建筑较高时，竖向测量应定时进行。竖向测量时，风力不宜大于四级。

4.2.5　当实际位置和标高与设计要求相差较大时，应制订处理方案或修改设计。

4.3　复查预埋件及后置埋件

4.3.1　根据玻璃幕墙的三向控制线，对预埋件的位置、标高进行复测，并弹出立柱紧固件的位置控制线、标高控制线，作出标识。同时对预埋件的规格、尺寸进行复查，并做好预埋件的防腐处理。当与设计要求相差较大时，应制订处理方案。

4.3.2　后置埋件应按设计要求做好防腐处理。后置埋件用膨胀螺栓、化学螺栓应固定在强度等级不低于 C30 的混凝土结构上；后加螺栓应采用不锈钢或镀锌碳素钢，直径不得小于 10mm；每个埋件的后加螺栓不得少于两个，螺栓间距和螺栓到构件边缘的距离不应小于 70mm。对后置埋件进行现场拉拔检验，应符合设计要求。在后置埋件上弹出立柱紧固件的位置控制线、标高控制线，作出标识。

4.3.3　预埋件的标高偏差不应大于 10mm，位置偏差不应大于 20mm。

4.4　立柱和横梁加工

立柱和横梁下料前先校直调整，车间用切割机下料，现场用砂轮切割机下料；立柱和横梁用钻床钻孔，开榫机开槽、开榫。按设计规定预留加工通气槽孔、冷凝水排出口及雨水排出口。立柱长度的允许偏差为 ±1.0mm，横梁长度的允许偏差为 ±0.5mm，端头斜度的允许偏差为 -15′；下料端头不得因加工而变形，并不应有毛刺；孔位的允许偏差为 ±0.5mm，孔距的允许偏差为 ±0.5mm，累计偏差不得大于 ±1.0mm。

4.5　立柱安装

4.5.1　安装各楼层紧固件，一般采用镀锌碳素不等边钢紧固件。紧固件与埋件采用焊接连接，按设计规定的位置、标高和连接方法，均应连接牢固。紧固件安装时，应先点焊固定，检查复核符合要求后，再满焊固定。

4.5.2　立柱一般由下往上安装。当立柱一层为一根时，上端悬挂固定，下端滑动；当立柱两层为一根时，上端悬挂固定，中间简支，下端滑动。根据立柱长度，每安装完一层或两层后，再安装上一层或两层。

4.5.3　立柱安装前，应在地面先装配好连接件和绝缘垫片。立柱上端连接件和中间连接件一般为不等边角钢紧固件，紧固件用不锈钢螺栓连接，连接螺栓应进行承载力计算，且螺栓直径不应小于 10mm；芯柱在上、下立柱内插入的长度不小于 150mm，总长度不应小于 400mm，芯柱与立柱应紧密接触，芯柱下部用螺栓固定在下立柱上，且上、下立柱间应留置不小于 15mm 的间隙；连接件上的螺栓孔均开长孔，以便调整立柱的位置和标高；当立柱与连接件采用不同金属材料时，立柱与连接件采用绝缘垫片分隔。固定件与连接件的接触面，应采用刻纹等防滑措施，未刻纹时，可用非受力短焊缝定位，但不得采用连接焊缝形成受力连接。

4.5.4　立柱安装时，竖起立柱，立柱下端套在下部立柱芯柱上，上端连接件和中间连接件与紧固件用不锈钢螺栓临时固定，用经纬仪和钢尺检查，并调整立柱的位置、标高、垂直度等，符合要求后将螺栓紧固，上、下立柱间间隙用耐候密封胶嵌填。立柱的安装标高偏差不应大于 3mm，轴线前后偏差不应大于 2mm，轴线左右偏差不应大于 3mm；相邻两根立柱安装标高偏差不应大于 3mm，同层立柱的最大标高偏差不应大于 5mm，相邻两根立柱的距离偏差不应大于 2mm。

4.5.5　立柱全部或分区域安装完后，应对立柱的整体垂直度、外立面水平度进行检查。当不符合要求时，应及时调整处理。

4.6　横梁安装

4.6.1　横梁通过角码、螺钉或螺栓与立柱连接，角码应能承受横梁的剪力。螺钉直径不得小于 4mm，每处连接螺钉数量不应少于三个，螺栓不应少于两个。横梁端部与立柱间应留 1～2mm 的空隙，设置防噪声浅色弹性橡胶垫片或石棉垫片。

4.6.2　在立柱上用水准仪和钢尺量测标出横梁的安装位置线。

4.6.3　同一层横梁的安装，应由下向上进行。安装时，将横梁两端的连接件及弹性橡胶垫，安装在立柱的预定位置，再顺序安装同一标高的横梁。横梁应安装牢固，接缝应严密。相邻两根横梁的水平标高偏差不应大于 1mm；同层标高偏差：当一幅幕墙宽度不大于 35m 时，不应大于 5mm，当一幅幕墙宽度大于 35m 时，不应大于 7mm。

4.6.4　当安装完一层的横梁后，应进行检查、调整、固定，符合要求后再安装另一层。

4.7　防雷装置安装

4.7.1　幕墙防雷接地根据设计要求安装。

4.7.2　玻璃幕墙高度 30m 以上的立柱和横梁应作电气连接，构成约 10m×10m 防侧击雷的防雷网。通常上下立柱连接处，用螺栓固定铝排或铜编织线连接。幕墙防雷网与主体结构的均压环防雷体系，通过建筑主体柱主筋用扁钢或钢筋焊接连接。

4.7.3　幕墙顶部女儿墙金属盖板可作为接闪器，每隔 10m 与主体结构防雷网连接一次，接受雷电流。金属接闪器的厚度不宜小于 3mm，当建筑高度低于 150m 时，截面不宜小于 50mm²，当建筑高度在 150mm 以上时，截面不宜小于 70mm²。

4.7.4　连接应在材料表面保护膜除掉后的部位进行。测试的接地电阻值应符合设计规定，一般情况下，接地电阻应小于 1Ω。

4.8　保温、防火材料安装

4.8.1　有热工要求的幕墙，应安装保温材料。保温部分宜从内向外安装，保温材料的安装固定应符合设计规定：板块状保温材料可粘贴和钉接在结构外墙面上；保温棉块也可用镀锌细铁丝网和镀锌细铁丝，固定在立柱和横梁形成的框架内；或在保温材料两边用内、外衬板固定；或铺填在焊有钢钉的内衬板上用螺钉固定。内衬板应采用镀锌薄钢板或经防腐处理的钢板。内衬板四周应套装弹性橡胶密封条，与构件接缝应严密；内衬板就位后，用密封胶密封处理。保温材料应铺设平整，拼缝处不留缝隙。

4.8.2　幕墙的四周、窗间墙和窗槛墙，均应用防火材料填充，填充厚度不小于 100mm，在楼板处及防火分区间形成防火带。防火材料的衬板应用镀锌钢板，或经防腐处理且厚度不小于 1.5mm 的钢板，不得使用铝板。应先安装衬板，衬板应与横梁或立柱固定牢靠，并用防火密封胶密封，防火材料与玻璃不得直接接触；防火材料用黏结剂粘贴在衬板上，并用钢钉及不锈钢片固定。防火材料应铺设平整，拼缝处不留缝隙。并注意一块玻璃不能跨越两个防火分区。

4.8.3　按设计要求安装冷凝水排出管及其附件，与水平构件的预留孔连接严密，与内衬板出水孔连接处应设橡胶密封条。

4.9　玻璃安装

4.9.1　玻璃应在车间加工制作。中空玻璃间及隐框、半隐框玻璃与金属副框间，硅酮结构密封胶应在温度 15～30℃、相对湿度 50% 以上洁净的室内打注，且应打注饱满。不得使用过期的硅酮结构密封胶。

4.9.2　玻璃安装前，应将玻璃表面污物擦拭干净。玻璃应从上向下、顺一个方向连续安装。热反射玻璃的镀膜面应朝向室内，非镀膜面朝向室外。大块玻璃用电动真空吸盘机抬运，中块玻璃用手动真空吸盘机抬运，小块玻璃用牛皮带或直接用手抬运。

4.9.3　隐框或横向半隐框玻璃幕墙，每块玻璃的下端应先设两个铝合金或不锈钢托条，其长度不应小于 100mm，厚度不应小于 2mm，托条外端应比玻璃外表面缩回 2mm。托条上应设置弹性垫块。

4.9.4　隐框边的金属附框与立柱、横梁的联结有夹片、压片或挂钩等方式。夹片、压片均用螺栓固定，与金属附框接触处衬防震橡胶垫；挂钩连接是将金属附框上和通长挂钩直接卡入立柱、横梁的通长挂钩上，挂钩接触处衬防震橡胶条。安装时应控制好接缝宽度。

4.9.5　半隐框玻璃幕墙，明框边的玻璃与立柱、横梁凹槽底部应保持一定的间隙，用橡胶条等弹性材料填充。安装前，先将立柱、横梁的凹槽清理干净；安装时，一般先置入垫块，再嵌入内胶条，然后装入玻璃，最后嵌入外胶条。橡胶条长度宜比边框内槽口长 1.5%～2.5%，其断口应留在四角，橡胶条应斜面断开，用黏结剂黏结牢固。嵌入胶条时，先间隔分点塞入，再分边塞入。室外一侧根据设计要求可嵌入耐候密封胶。玻璃在立柱、横梁槽内的嵌入量应符合设计规定。

4.10　注胶及变形缝密封

4.10.1　玻璃间或玻璃与立柱、横梁间，接缝用耐候硅酮密封胶密封，密封胶的施工厚度应大于 3.5mm，胶缝宽度不小于厚度的 2 倍，密封胶在接缝内应形成相对两面粘结，不得形成三面粘结。注胶前，接缝的密封胶接触面上附着的油污等，用工业乙醇等清洁剂清理干净，潮湿表面应充分干燥。接缝内用聚氯乙烯泡沫圆棒充填，保持平直，并预留注胶厚度；在玻璃上沿接缝两侧贴防护胶带纸，使胶带纸边与缝边齐直；注胶顺序为从上向下，先平缝，后竖缝，注胶应持续均匀，用注胶枪把胶注入缝内，并立即用胶筒或刮刀刮平；隔日注胶时，先清理胶缝连接处的胶头，切除圆弧头部分，使两次注胶连接紧密；确认注胶合格后，取掉防护胶带纸，清洁接缝周围。注意避免在雨天、高温和气温低于 5℃时进行注胶作业。

4.10.2　变形缝处幕墙与幕墙的间隙，应根据变形缝设计图纸进行施工。

4.11　擦洗玻璃

玻璃幕墙安装完后，玻璃、金属框和其他配件，用擦窗机清洗或乘吊篮人工清洗干净。擦洗用清洗剂应为中性清洗剂，清洗剂清洗后及时用清水冲洗干净。

4.12　检查验收

验收标准严格按国家、行业、地方有关规范、标准以及业主方确认的技术性能指标对隐框、半隐框玻璃幕墙工程质量进行验收。验收时以各部位施工记录、隐蔽记录为依据，含测量放线确认、预埋件埋设、钢支座与立柱连接、横梁与立柱连结、避雷措施、防火封堵、胶缝填充等。在各项材料符合设计与质量标准的前提下，进行幕墙整体验收。

5　质量标准

5.1　主控项目

5.1.1　幕墙工程所用材料、构件和组件应符合设计要求及国家现行产品标准和行业标准《玻璃幕墙工程技术规范》JGJ 102 的规定。

5.1.2　玻璃幕墙的造型和立面分格应符合设计要求。

5.1.3　玻璃幕墙与主体结构的预埋件和后置埋件位置、数量、规格尺寸及后置埋件、槽式预埋件的拉拔力应符合设计要求。

5.1.4　玻璃幕墙构架与主体结构埋件的连接、构件之间的连接、玻璃面板的安装应符合设计要求，安装应牢固。

5.1.5　隐框或半隐框玻璃幕墙，每块玻璃下端应设置两个铝合金或不锈钢托条，其长度不应小于 100mm，厚度不应小于 2mm，托条外端应低于玻璃外表面 2mm；托条上部不少于两块弹性垫块，垫块的宽度与槽口宽度相同，长度不小于 100mm，厚度不小于 2mm。

5.1.6　玻璃幕墙节点、各种变形缝、墙角的连接节点应符合设计要求。

5.1.7　玻璃幕墙的防火、保温、防潮材料的设置应符合设计要求，填充应密实、均匀、厚度一致。

5.1.8　玻璃幕墙应无渗漏。

5.1.9　金属框架和连接件的防腐处理应符合设计要求。

5.1.10　玻璃幕墙开启窗的配件应齐全，安装应牢固，安装位置和开启方向、角度应正确；开启应灵活，关闭应严密。

5.1.11　玻璃幕墙的金属构架应与主体结构防雷装置可靠接通，并应符合设计要求。

5.2　一般项目

5.2.1　玻璃幕墙表面应平整、洁净；整幅玻璃的色泽应均匀一致；不得有污染和镀膜损坏。

5.2.2　每平方米玻璃的表面质量应符合表 7-1 的要求。

玻璃的表面质量和检验方法

表 7-1

项次	项目	质量要求	检验方法
1	明显划伤和长度＞100mm 的轻微划伤	不允许	观察
2	长度≤100mm 的轻微划伤	≤8 条	用钢尺检查
3	擦伤总面积	≤500mm²	用钢尺检查

5.2.3　一个分格铝合金型材的表面质量应符合表 7-2 的要求。

分格铝合金型材的表面质量和检验方法

表 7-2

项次	项目	质量要求	检验方法
1	明显划伤和长度＞100mm 的轻微划伤	不允许	观察
2	长度≤100mm 的轻微划伤	≤2 条	用钢尺检查
3	擦伤总面积	≤500mm²	用钢尺检查

5.2.4　玻璃幕墙板缝注胶应饱满、密实、连续、深浅一致、宽窄均匀、光滑顺直、无气泡，胶缝的宽度和厚度应符合设计要求。

5.2.5　玻璃幕墙隐蔽节点的遮封装修应牢固、整齐、美观。

5.2.6　隐框、半隐框玻璃幕墙安装的允许偏差见表 7-3。

隐框、半隐框玻璃幕墙安装的允许偏差（mm）

表 7-3

项次	项目		偏差（mm）
1	幕墙垂直度	幕墙高度≤30m	10
		30m＜幕墙高度≤60m	15
		60m＜幕墙高度≤90m	20
		幕墙高度＞90m	25
2	幕墙横向构件水平度	幕墙幅宽≤35m	3
		幕墙幅宽＞35m	5
3	幕墙表面平整度		2
4	板材立面垂直度		2
5	板材上沿水平度		2
6	相邻板材板角错位		1
7	阳角方正		2
8	接缝直线度		3
9	接缝高低差		1
10	接缝宽度		1

6　成品保护

6.1.1　各种构件及组件等应分类、分规格码放在专用库房内，不得在上面压放重物；搬运时应轻拿轻放，防止碰坏划伤。

6.1.2　金属构件表面应有防护膜，清洗前方可去除。玻璃上应有警示标识。

6.1.3　施工作业层应设防护，防止构件下落撞碰构件和玻璃。

6.1.4　电焊作业时，应对附近的幕墙构件、玻璃等遮挡防护，避免烧伤。

6.1.5　施工中幕墙及其构件表面的粘附物应及时清除。

7　注意事项

7.1　应注意的质量问题

7.1.1　埋件预埋时，其位置应严格控制并固定牢靠，浇筑混凝土时振捣棒不得接触埋件，有专人看护，避免移位。

7.1.2　安装立柱、横梁前，应认真核对玻璃尺寸和相应的立柱、横梁位置控制线，使两者协调一致。

7.1.3　玻璃间、构件附件与玻璃间的耐候密封胶下应嵌塞泡沫条，避免密封胶三面粘结。

7.1.4　密封条规格应适宜，长度应符合要求，搭接处应粘结密封；结构胶、密封胶粘结面应清理干净，注胶环境应适宜，密封胶厚度应符合要求，不得有针眼、稀缝现象；幕墙与主体、幕墙变形缝处的连接封口应严密；门窗开启部位密封应严密，胶条弹性应符合要求，五金配件装配应严密；幕墙排水系统应装配严密，排水畅通。

7.2　应注意的安全问题

7.2.1　手电钻、焊钉枪等手持电动工具，应作绝缘电压试验；电动工具应按要求进行接零保护，操作人员应佩戴防触电防护用品；真空吸盘机使用前，应进行吸附重量和吸附持续时间检验。

7.2.2　施工人员作业时必须戴安全帽，系安全带及安全绳，并配备工具袋。

7.2.3　工程的上下部交叉作业时，结构施工层下方应采取可靠的安全防护措施。

7.2.4　现场焊接时，在焊接点下方应设接火斗。

7.3　应注意的绿色施工问题

7.3.1　材料加工后的边角下脚料应分类回收。

7.3.2　采取围挡等措施控制施工噪声。

8　质量记录

8.0.1　玻璃幕墙所用各种材料、五金配件、构件及组件的产品合格证书、性能检测报告、进场验收记录和复验报告。

8.0.2　硅酮结构胶的认定证书和抽检合格证明；玻璃幕墙用结构胶的邵氏硬度、标准条件拉伸黏度、强度、相容性试验；进口硅酮结构胶的商检证；国家指定机构出具的硅酮结构胶相容性和剥离粘结性试验报告。

8.0.3　后置埋件的现场拉拔强度检测报告。

8.0.4　幕墙抗风压性能、气密性能、水密性能及平面变形性能检测报告。

8.0.5　打胶、养护环境的温度、湿度记录；双组分硅酮结构胶的混匀性试验记录及拉断试验记录。

8.0.6　防雷装置测试记录。

8.0.7　隐蔽工程检查验收记录。

8.0.8　幕墙构件和组件的加工制作记录。

8.0.9　幕墙安装施工记录。

8.0.10　淋水试验检查记录。

8.0.11　隐框和半隐框幕墙玻璃幕墙工程检验批质量验收记录。

8.0.12　隐框和半隐框幕墙玻璃幕墙分项工程质量验收记录。

8.0.13　其他技术文件。

第8章　明框玻璃幕墙安装

本工艺适用于工业与民用建筑的明框玻璃幕墙安装。

1　引用标准

《玻璃幕墙工程技术规范》JGJ 102—2003

《钢结构设计标准》GB 50017—2017

《建筑结构荷载规范》GB 50009—2012

《建筑幕墙》GB/T 21086—2007

《铝合金建筑型材》GB/T 5237—2017

《建筑用安全玻璃　第2部分：钢化玻璃》GB 15763.2—2005

《中空玻璃》GB/T 11944—2012

《建筑用硅酮结构密封胶》GB 16776—2005

《建筑设计防火规范》GB 50016—2014

《建筑抗震设计规范》GB 50011—2010

《建筑物防雷设计规范》GB 50057—2010

《混凝土结构后锚固技术规程》JGJ 145—2013

《建筑装饰装修工程质量验收标准》GB 50210—2018

2　术语（略）

3　施工准备

3.1　作业条件

3.1.1　主体结构及其他湿作业已施工完毕并进行了质量验收。主体结构上预埋件已在施工时按设计要求预埋完毕。

3.1.2　幕墙安装的施工组织设计已编写，并经过审核批准。

3.1.3 操作用外架或吊篮架已搭设好并已检查验收。

3.2 材料与机械设备、工具

3.2.1 玻璃、中空玻璃、铝合金型材、碳素型钢、硅酮结构密封胶、硅酮耐候密封胶、五金配件等应符合相关规范规定及技术要求。

3.2.2 机械设备、工具：电焊机、砂轮切割机、电钻、螺丝刀、钳子、扳手、线坠、经纬仪、水平尺、钢卷尺。

4 操作工艺

4.1 工艺流程

测量放线 → 复查预埋件及安装后置埋件 → 立柱和横梁加工 → 立柱安装 →

横梁安装 → 防雷装置安装 → 保温、防火材料安装 → 玻璃安装 →

压座及扣盖安装 → 注胶及变形缝密封 → 擦洗玻璃 → 检查验收

4.2 测量放线

4.2.1 根据建筑的主要轴线控制线，对照主体结构上的竖向轴线，用经纬仪和钢尺复核后，在各楼板边或墙面上，弹出立柱中心线和控制线并标识。

4.2.2 用水准仪和钢尺，从水准基点复测各楼层标高，并在楼板边或柱、墙上，弹出控制标高线并标识。

4.2.3 用经纬仪测量出玻璃幕墙外立面的控制线，在楼板上或柱面、墙面上弹线并标识。

4.2.4 当建筑较高时，竖向测量应定时进行。竖向测量时，风力不宜大于四级。

4.2.5 当实际位置和标高与设计要求相差较大时，应制订处理方案或修改设计。

4.3 复查预埋件及后置埋件

4.3.1 根据玻璃幕墙的三向控制线，对预埋件的位置、标高进行复测，并弹出立柱紧固件的位置控制线、标高控制线，作出标识。同时对预埋件的规格、尺寸进行复查，并做好预埋件的防腐处理。当与设计要求相差较大时，应制订处理方案。

4.3.2 后置埋件应按设计要求做好防腐处理。后置埋件用膨胀螺栓或化学螺栓固定在强度等级不低于 C30 的混凝土结构上；后加螺栓应采用不锈钢或镀锌碳素钢，直径不得小于 10mm；每个埋件的后加螺栓不得少于两个，螺栓间距和螺栓到构件边缘的距离不应小于 70mm。对后置埋件进行现场拉拔检验，应符合设计要求。在后置埋件上弹出立柱紧固件的位置控制线、标高控制线，作出标识。

4.3.3 预埋件的标高偏差不应大于 10mm，位置偏差不应大于 20mm。

4.4　立柱和横梁加工

立柱和横梁下料前先校直调整，车间用切割机下料，现场用砂轮切割机下料；立柱和横梁用钻床钻孔，开榫机开槽、开榫。按设计规定预留加工通气槽孔、冷凝水排出口及雨水排出口。立柱长度的允许偏差为 ±1.0mm，横梁长度的允许偏差为 ±0.5mm，端头斜度的允许偏差为 -15′；下料端头不得因加工而变形，并不应有毛刺；孔位的允许偏差为 ±0.5mm，孔距的允许偏差为 ±0.5mm，累计偏差不得大于 ±1.0mm。

4.5　立柱安装

4.5.1 安装各楼层紧固件，一般采用镀锌碳素不等边角钢紧固件。紧固件与埋件采用焊接连接，按设计规定的位置、标高和连接方法，均应连接牢固。紧固件安装时，应先点焊固定，检查复核符合要求后，再满焊固定。

4.5.2 立柱一般由下往上安装。当立柱一层为一根时，上端悬挂固定，下端滑动；当立柱两层为一根时，上端悬挂固定，中间简支，下端滑动。根据立柱长度，每安装完一层或两层后，再安装上一层或两层。

4.5.3 立柱安装前，应在地面先装配好连接件和绝缘垫片。立柱上端连接件和中间连接件一般为不等边角钢紧固件，紧固件用不锈钢螺栓连接，连接螺栓应进行承载力计算，且螺栓直径不应小于 10mm；芯柱在上、下立柱内插入的长度不小于 150mm，总长度不应小于 400mm，芯柱与立柱应紧密接触，芯柱下部用螺栓固定在下立柱上，且上、下立柱间应留置不小于 15mm 的间隙；连接件上的螺栓孔均开长孔，以便调整立柱的位置和标高；当立柱与连接件采用不同金属材料时，立柱与连接件采用绝缘垫片分隔。固定件与连接件的接触面，应采用刻纹等防滑措施，未刻纹时，可用非受力短焊缝定位，但不得采用连接焊缝形成受力连接。

4.5.4 立柱安装时，竖起立柱，立柱下端套在下部立柱芯柱上，上端连接件和中间连接件与紧固件用不锈钢螺栓临时固定，用经纬仪和钢尺检查，并调整立柱的位置、标高、垂直度等，符合要求后将螺栓紧固，上、下立柱间间隙用耐候密封胶嵌填。立柱的安装标高偏差不应大于 3mm，轴线前后偏差不应大于 2mm，轴线左右偏差不应大于 3mm；相邻两根立柱安装标高偏差不应大于 3mm，同层立柱的最大标高偏差不应大于 5mm，相邻两根立柱的距离偏差不应大于 2mm。

4.5.5 立柱全部或分区域安装完后，应对立柱的整体垂直度、外立面水平度进行检查。当不符合要求时，应及时调整处理。

4.6　横梁安装

4.6.1 横梁通过角码、螺钉或螺栓与立柱连接，角码应能承受横梁的剪力。螺钉直径不得小于 4mm，每处连接螺钉数量不应少于三个，螺栓不应少于两个。横梁端部与立柱间应留 1～2mm 的空隙，设防噪声浅色弹性橡胶垫片或石棉垫片。

4.6.2 立柱安装完后，用水准仪和钢尺量测，在立柱上标出横梁的安装位置线。

4.6.3 同一层横梁的安装，应由下向上进行。安装时，将横梁两端的连接件及弹性橡胶垫，安装在立柱的预定位置，再顺序安装同一标高的横梁。横梁应安装牢固，接缝应严密。相邻两根横梁的水平标高偏差不应大于 1mm；同层标高偏差：当一幅幕墙宽度不大于 35m 时，不应大于 5mm，当一幅幕墙宽度大于 35m 时，不应大于 7mm。

4.6.4 当安装完一层高度的横梁后，应进行检查、调整、固定，符合要求后再安装另一层。

4.7　防雷装置安装

4.7.1 幕墙防雷接地根据设计要求安装。

4.7.2 玻璃幕墙高度 30m 以上的立柱和横梁应作电气连接，构成约 10m×10m 防侧击雷的防雷网。通常上下立柱连接处，用螺栓固定铝排或铜编线连接。幕墙防雷网与主体结构的均压环防雷体系，通过建筑主体柱主筋用扁钢或钢筋焊接连接。

4.7.3 幕墙顶部女儿墙金属盖板可作为接闪器，每隔 10m 与主体结构防雷网连接一次，接受雷电流。金属接闪器的厚度不宜小于 3mm，当建筑高度低于

150m 时，截面不宜小于 50mm²；当建筑高度在 150mm 以上时，截面不宜小于 70mm²。

4.7.4 连接应在材料表面保护膜除掉后的部位进行。测试的接地电阻值应符合设计规定，一般情况下，接地电阻应小于 1Ω。

4.8 保温、防火材料安装

4.8.1 有热工要求的幕墙，应安装保温材料。保温部分宜从内向外安装，保温材料的安装固定应符合设计规定：板块状保温材料可粘贴和钉接在结构外墙面上；保温棉块也可用镀锌细铁丝网和镀锌细铁丝，固定在立柱和横梁形成的框架内；或在保温材料两边用内、外衬板固定；或铺填在焊有钢钉的内衬板上用螺钉固定。内衬板应采用镀锌薄钢板或经防腐处理的钢板。内衬板四周应套装弹性橡胶密封条，内衬板与构件接缝应严密；内衬板就位后，用密封胶密封处理。保温材料应铺设平整，拼缝处不留缝隙。

4.8.2 幕墙的四周、窗间墙和窗槛墙，均应用防火材料填充，填充厚度不小于 100mm，在楼板处及防火分区间形成防火带。防火材料的衬板应用镀锌钢板，或经防腐处理且厚度不小于 1.5mm 的钢板，不得使用铝板。应先安装衬板，衬板应与横梁或立柱固定牢靠，用防火密封胶密封，并防止防火材料与玻璃直接接触；防火材料用黏结剂粘贴在衬板上，并用钢钉及不锈钢片固定。防火材料应铺设平整，拼缝处不留缝隙。并注意一块玻璃不能跨越两个防火分区。

4.8.3 按设计要求安装冷凝水排出管及其附件，与水平构件的预留孔连接严密，与内衬板出水孔连接处应设橡胶密封条。

4.9 玻璃安装

4.9.1 玻璃应在车间加工制作。明框玻璃间，硅酮结构密封胶应在温度 15～30℃、相对湿度 50％以上洁净的室内打注，且应打注饱满。不得使用过期的硅酮结构密封胶。

4.9.2 玻璃安装前，应将玻璃表面污物擦拭干净。玻璃应从上向下、顺一个方向连续安装。热反射玻璃的镀膜面应朝向室内，非镀膜面朝向室外。大块玻璃用电动真空吸盘机抬运，中块玻璃用手动真空吸盘机抬运，小块玻璃用牛皮带或直接用手抬运。

4.9.3 明框玻璃幕墙，玻璃与立柱、横梁凹槽底部应保持一定的间隙，用橡胶条等弹性材料填充。安装前，先将立柱、横梁的凹槽清理干净；每块玻璃下部应先设置不少于两块弹性定位垫块，垫块的宽度与槽口宽度相同，长度不小于100mm。安装时，一般先置入垫块，再嵌入内胶条，然后装入玻璃，最后嵌入外胶条。橡胶条长度宜比边框内槽口长 1.5％～2.5％，其断口应留在四角，橡胶条应斜面断开，用粘结剂粘结牢固；嵌入胶条时，先间隔分点塞入，再分边塞入；室外一侧根据设计要求可嵌入耐候密封胶。玻璃在立柱、横梁槽内的嵌入量应符合设计规定。

4.10　压座及扣盖安装

当明框玻璃边采用压座及扣盖时，先用自攻螺丝或螺栓，将压座固定在立柱、横梁上，再将扣盖用橡皮锤敲击固定在压座上，且压座与立柱、横梁间，压座与扣盖间均应衬防震橡胶垫。当压座或扣盖与玻璃相邻时，压座、扣盖与玻璃间，填塞泡沫圆棒、嵌橡胶条或嵌硅酮耐候密封胶。

4.11　注胶及变形缝密封

4.11.1　玻璃与立柱、横梁扣盖间，接缝用耐候硅酮密封胶密封，密封胶的施工厚度应大于 3.5mm，胶缝宽度不小于厚度的 2 倍，密封胶在接缝内应形成相对两面粘结，不得形成三面粘结。注胶前，接缝的密封胶接触面上附着的油污等，用工业乙醇等清洁剂清理干净，潮湿表面应充分干燥。接缝内用聚氯乙烯泡沫圆棒充填，保持平直，并预留注胶厚度；在玻璃上沿接缝两侧贴防护胶带纸，使胶带纸边与缝边齐直；注胶顺序为从上向下，先平缝，后竖缝，注胶应持续均匀，用注胶枪把胶注入缝内，并立即用胶筒或刮刀刮平；隔日注胶时，先清理胶缝连接处的胶头，切除圆弧头部分，使两次注胶连接紧密；确认注胶合格后，取掉防护胶带纸，清洁接缝周围。注意避免在雨天、高温和气温低于5℃时进行注胶作业。

4.11.2　变形缝处幕墙与幕墙的间隙，应根据变形缝设计图纸进行施工。

4.12　擦洗玻璃

玻璃幕墙安装完后，玻璃、金属框和其他配件，用擦窗机清洗或乘吊篮人工清洗干净。擦洗用清洗剂应为中性清洗剂，清洗剂清洗后及时用清水冲洗干净。

4.13　检查验收

验收标准严格按国家、行业、地方有关规范、标准以及业主方确认的技术性能指标对明框玻璃幕墙工程质量进行验收。验收时以各部位施工记录、隐蔽记录为依据，含测量放线确认、预埋件埋设、钢支座与立柱联结、横梁与立柱联结、避雷措施、防火封堵、胶缝填充等。在各项材料符合设计与质量标准的前提下，进行幕墙整体验收。

5　质量标准

5.1　主控项目

5.1.1　幕墙工程所用材料、构件和组件应符合设计要求及国家现行产品标准和行业标准《玻璃幕墙工程技术规范》JGJ 102 的规定。

5.1.2　玻璃幕墙的造型和立面分格应符合设计要求。

5.1.3　玻璃幕墙与主体结构的预埋件和后置埋件位置、数量、规格尺寸及后置埋件、槽式预埋件的拉拔力应符合设计要求。

5.1.4　玻璃幕墙构架与主体结构埋件的连接、构件之间的连接、玻璃面板的安装应符合设计要求，安装应牢固。

5.1.5　明框玻璃幕墙的玻璃安装应符合下列规定：

1　玻璃槽口与玻璃的配合尺寸应符合设计要求和技术标准的规定。

2　玻璃与构件不得直接接触，玻璃四周与构件凹槽底部应保持一定的空隙，每块玻璃下部至少放置两块宽度与槽口宽度相同、长度不小于 100mm 的弹性定位垫块；玻璃两边嵌入量及空隙应符合设计要求。

3　玻璃四周橡胶条的材质、型号应符合设计要求，镶嵌应平整，橡胶条长度应比边框内槽长 1.5%～2.0%，橡胶条在转角处应斜面断开，并应用粘接剂粘结牢固后嵌入槽内。

5.1.6　玻璃幕墙节点、各种变形缝、墙角的连接节点应符合设计要求。

5.1.7　玻璃幕墙的防火、保温、防潮材料的设置应符合设计要求，填充应密实、均匀、厚度一致。

5.1.8　玻璃幕墙应无渗漏。

5.1.9　金属框架和连接件的防腐处理应符合设计要求。

5.1.10　玻璃幕墙开启窗的配件应齐全，安装应牢固，安装位置和开启方向、角度应正确；开启应灵活，关闭应严密。

5.1.11　玻璃幕墙的金属构架应与主体结构防雷装置可靠接通，并应符合设计要求。

5.2　一般项目

5.2.1　明框玻璃幕墙表面应平整、洁净；整幅玻璃的色泽应均匀一致；不得有污染和镀膜损坏。

5.2.2　每平方米玻璃的表面质量和检验方法应符合表 8-1 的要求。

每平方米玻璃的表面质量和检验方法　　　　表 8-1

项次	项目	质量要求	检验方法
1	明显划伤和长度＞100mm 的轻微划伤	不允许	观察
2	长度≤100mm 的轻微划伤	≤8 条	用钢尺检查
3	擦伤总面积	≤500mm^2	用钢尺检查

5.2.3　一个分格铝合金型材的表面质量和检验方法应符合表 8-2 的要求。

一个分格铝合金型材的表面质量和检验方法　　　　表 8-2

项次	项目	质量要求	检验方法
1	明显划伤和长度＞100mm 的轻微划伤	不允许	观察
2	长度≤100mm 的轻微划伤	≤2 条	用钢尺检查
3	擦伤总面积	≤500mm^2	用钢尺检查

5.2.4　明框玻璃幕墙的外露框或压条应横平竖直，颜色、规格应符合设计要求，压条安装应牢固。玻璃幕墙隐蔽节点的遮封装修应牢固、整齐、美观。

5.2.5　明框玻璃幕墙板缝注胶应饱满、密实、连续、深浅一致、宽窄均匀、光滑顺直、无气泡，胶缝的宽度和厚度应符合设计要求。

5.2.6　明框玻璃幕墙安装的允许偏差应符合表 8-3 的规定。

明框玻璃幕墙安装的允许偏差（mm）　　　　表 8-3

项次	项目		允许偏差
1	幕墙垂直度（mm）	幕墙高度≤30m	10
		30m＜幕墙高度≤60m	15
		60m＜幕墙高度≤90m	20
		幕墙高度＞90m	25
2	幕墙横向构件水平度（mm）	幕墙幅宽≤35m	5
		幕墙幅宽＞35m	7
3	构件直线度		2

项次	项目		允许偏差
4	构件水平度	构件长度≤2m	2
		构件长度>2m	3
5	相邻构件错位		1
6	分格框对角线长度差	对角线长度≤2m	3
		对角线长度>2m	4

6　成品保护

6.0.1　各种构件及组件等应分类、分规格码放在专用库房内，不得在上面压放重物；搬运时应轻拿轻放，防止碰坏划伤。

6.0.2　金属构件表面应有防护膜，清洗前方可去除。玻璃上应有警示标识。

6.0.3　施工作业层应设防护，防止构件下落撞碰构件和玻璃。

6.0.4　电焊作业时，应对附近的幕墙构件、玻璃等遮挡防护，避免烧伤。

6.0.5　施工中幕墙及其构件表面的粘附物应及时清除。

7　注意事项

7.1　应注意的质量问题

7.1.1　埋件预埋时，其位置应严格控制并固定牢靠，浇筑混凝土时振捣棒不得接触埋件，有专人看护，避免移位。

7.1.2　安装立柱、横梁前，应认真核对玻璃尺寸和相应的立柱、横梁位置控制线，使两者协调一致。

7.1.3　玻璃间、构件附件与玻璃间的耐候密封胶下应嵌塞泡沫条，避免密封胶三面粘结。

7.1.4　密封条规格应适宜，长度符合要求，搭接处应粘结密封；结构胶、密封胶粘结面应清理干净，注胶环境应适宜，密封胶厚度符合要求，不得有针眼、稀缝现象；幕墙与主体、幕墙变形缝处的连接封口应严密；门窗开启部位密封应严密，胶条弹性应符合要求，五金配件装配应严密；幕墙排水系统应装配严密，排水畅通。

7.2　应注意的安全问题

7.2.1　手电钻、焊钉枪等手持电动工具，应作绝缘电压试验；电动工具应按要求进行接零保护，操作人员应佩戴防触电防护用品；真空吸盘机使用前，应进行吸附重量和吸附持续时间检验。

7.2.2 施工人员作业时必须戴安全帽，系安全带，并配备工具袋。

7.2.3 工程的上下部交叉作业时，结构施工层下方应采取可靠的安全防护措施。

7.2.4 现场焊接时，在焊件下方应设接火斗。

7.3　应注意的绿色施工问题

7.3.1 材料加工后的边角下脚料应分类回收。

7.3.2 采取围挡等措施控制施工噪声。

8　质量记录

8.0.1 玻璃幕墙所用各种材料、五金配件、构件及组件的产品合格证书、性能检测报告、进场验收记录和复验报告。

8.0.2 硅酮结构胶的认定证书和抽检合格证明；玻璃幕墙用结构胶的邵氏硬度、标准条件拉伸粘度、强度、相容性试验；进口硅酮结构胶的商检证；国家指定机构出具的硅酮结构胶相容性和剥离粘结性试验报告。

8.0.3 后置埋件的现场拉拔强度检测报告。

8.0.4 幕墙抗风压性能、气密性能、水密性能及平面内变形性能检测报告。

8.0.5 打胶、养护环境的温度、湿度记录；双组分硅酮结构胶的混匀性试验记录及拉断试验记录。

8.0.6 防雷装置测试记录。

8.0.7 隐蔽工程检查验收记录。

8.0.8 幕墙构件和组件的加工制作记录。

8.0.9 幕墙安装施工记录。

8.0.10 淋水试验检查记录。

8.0.11 明框玻璃幕墙工程检验批质量验收记录。

8.0.12 明框玻璃幕墙分项工程质量验收记录。

8.0.13 其他技术文件。

第9章　全玻幕墙及点支玻幕墙安装

本工艺标准适用于民用建筑全玻璃幕墙安装及点支幕墙安装。

1　引用标准

《玻璃幕墙工程技术规范》JGJ 102—2003

《钢结构设计标准》GB 50017—2017

《建筑结构荷载规范》GB 50009—2012

《建筑幕墙》GB/T 21086—2007

《铝合金建筑型材》GB/T 5237—2017

《建筑用安全玻璃　第2部分：钢化玻璃》GB 15763.2—2005

《中空玻璃》GB/T 11944—2012

《建筑用硅酮结构密封胶》GB 16776—2005

《建筑设计防火规范》GB 50016—2014

《建筑抗震设计规范》GB 50011—2010

《建筑物防雷设计规范》GB 50057—2010

《混凝土结构后锚固技术规程》JGJ 145—2013

《点支式玻璃幕墙工程技术规程》CECS 127：2001

《吊挂式玻璃幕墙支承装置》JG 139—2001

《建筑装饰装修工程质量验收标准》GB 50210—2018

2　术语（略）

3　施工准备

3.1　作业条件

3.1.1　确保安装脚手架的安装完好，障碍物已经拆除。安装幕墙的主体结构（钢结构、钢筋混凝土结构和砖混结构等）已完工，主体结构的垂直度和外表面平整度及结构尺寸偏差必须达到有关国家施工及验收规范要求。特别是主体结构的垂直度和外表面平整度及结构的尺寸偏差必须达到国家规范要求。否则应采用适当的措施后才能进行幕墙的安装施工。

3.1.2　对幕墙可能造成污染或损伤的分项工程，应在幕墙安装施工前完成。否则应有可靠的保护措施。

3.1.3　预埋件在主体结构施工时，已按设计要求埋设牢固、位置准确，埋件的标高偏差不应大于 10mm，左右位置的偏差不应大于 20mm，前后位置的偏差不大于 10mm，不符合标准的应按要求补埋。（质量控制点）

3.1.4　确保幕墙安装施工的脚手架完好，障碍物已拆除。

3.2　材料与机械设备、工具

3.2.1　幕墙用玻璃、中空玻璃、碳素型钢、不锈钢驳接爪、拉索、硅酮结构密封胶、硅酮耐候密封胶、五金配件等应符合相关规范规定及技术要求。

3.2.2　机械设备、工具：电焊机、砂轮切割机、电钻、螺丝刀、钳子、扳手、线坠、经纬仪、水平尺、钢卷尺。

4　操作工艺

4.1　工艺流程

4.1.1　全玻幕墙工艺流程

测量放线 → 复查预埋件及后置埋件 → 结构梁钢架焊接 → 吊夹安装 →

保温层安装 → 玻璃安装 → 防火隔离带安装 → 注胶及变形缝密封 →

擦洗玻璃 → 检查验收

4.1.2　点玻幕墙工艺流程

测量放线 → 复查预埋件及后置埋件 → 立柱安装 → 横梁安装 → 驳接爪安装 →

保温层安装 → 玻璃安装 → 防火隔离带安装 → 注胶及变形缝密封 →

擦洗玻璃 → 检查验收

4.2　测量放线

4.2.1　根据建筑的主要轴线控制线，对照主体结构上的竖向轴线，用经纬仪和钢尺复核后，在各层楼板边或墙面上，弹出立柱中心线和控制线并标识。

4.2.2 用水准仪和钢尺，从水准基点复测各楼层标高，并在楼板边或柱、墙上，弹出控制标高线并标识。

4.2.3 用经纬仪测量出幕墙外立面的控制线，在楼板上或柱面、墙面上弹线并标识。

4.2.4 当建筑较高时，竖向测量应定时进行。竖向测量时，风力不宜大于四级。

4.2.5 当实际位置和标高与设计要求相差较大时，应制订处理方案或修改设计。

4.3 复查预埋件及后置埋件

4.3.1 根据幕墙的三向控制线，对预埋件的位置、标高进行复测，并弹出立柱紧固件的位置控制线、标高控制线，作出标识。同时对预埋件的规格、尺寸和位置进行复查，并做好预埋件的防腐处理。当与设计要求相差较大时，应制订处理方案。

4.3.2 后置埋件应按设计要求做好防腐处理。后置埋件用膨胀螺栓或化学螺栓固定在强度等级不低于 C30 的混凝土结构上；后加螺栓应采用不锈钢或镀锌碳素钢，直径不得小于 10mm；每个埋件的后加螺栓不得少于两个，螺栓间距和螺栓到构件边缘的距离不应小于 70mm。对后置埋件进行现场拉拔检验，应符合设计要求。在后置埋件上弹出立柱紧固件的位置控制线、标高控制线，作出标识。

4.3.3 预埋件的标高偏差不应大于 10mm，位置偏差不应大于 20mm。

4.4 点玻幕墙立柱安装及全玻幕墙结构梁钢架焊接

4.4.1 安装各楼层紧固件，一般采用镀锌碳素不等边钢紧固件。紧固件与埋件采用焊接连接，按设计规定的位置、标高和连接方法，连接牢固。紧固件安装时，应先点焊固定，检查复核符合要求后，再满焊固定。

4.4.2 点玻幕墙立柱一般采用碳素钢方管和圆管，一般由下往上安装。当立柱一层为一根时，上端悬挂固定，下端滑动；当立柱两层为一根时，上端悬挂固定，中间简支，下端滑动。根据立柱长度，每安装完一层或两层后，再安装上一层或两层。

4.4.3 点玻幕墙立柱安装前，应在地面用钻床钻孔，开榫机开槽、开榫，按设计规定预留加工通气槽孔、冷凝水排出口及雨水排出口。立柱上端连接件和中间连接件一般为不等边角钢,一般采用满焊固定,滑动端头用不锈钢螺栓连接,连接螺栓应进行承载力计算,且螺栓直径不应小于 10mm;芯柱或夹板在上、下立柱连接的长度不小于 150mm,总长度不应小于 400mm,芯柱或夹板与立柱应紧密接触,芯柱或夹板和下部立柱满焊,用螺栓固定上部立柱的下端,且上、下立柱间应留置不小于 10mm 的间隙;芯柱或夹板上的螺栓孔均开竖长孔,以便滑动立柱下端对热胀冷缩的影响;当立柱与连接件采用不同金属材料时,立柱与连接件采用绝缘垫片分隔。固定件与连接件的接触面,应采用刻纹等防滑措施,未刻纹时,可用非受力短焊缝定位,但不得采用连接焊缝形成受力连接。

4.4.4　点玻幕墙立柱安装时,竖起立柱,立柱下端套在下部立柱芯柱或夹板上,上端连接件和中间连接件与紧固件临时固定,用经纬仪和钢尺检查,并调整立柱的位置、标高、垂直度等,符合要求后将螺栓紧固,上端连接件和中间连接件与紧固件满焊固定,上、下立柱间间隙用耐候密封胶嵌填。立柱的安装标高偏差不应大于 3mm,轴线前后偏差不应大于 2mm,轴线左右偏差不应大于 3mm;相邻两根立柱安装标高偏差不应大于 3mm,同层立柱的最大标高偏差不应大于 5mm,相邻两根立柱的距离偏差不应大于 2mm。

4.4.5　点玻幕墙立柱全部或分区域安装完后,应对立柱的整体垂直度、外立面水平度进行检查。当不符合要求时,应及时调整处理。

4.4.6　全玻幕墙结构梁钢架安装,最好在加工场地按图纸加工主受力方向钢架,再吊装到预埋板位置,通过转接件进行焊接连接,再将主受力钢架进行横向焊接连接,使之受力成为一体,再按照放线尺寸焊接安置吊夹所在的钢龙骨,先点焊固定后,进行尺寸校对,符合要求后全部满焊固定。

4.5　点玻幕墙横梁安装

4.5.1　横梁通过焊接与立柱连接,焊缝应能承受横梁的剪力。

4.5.2　用水准仪和钢尺量测,在立柱上标出横梁的安装位置线。

4.5.3　同一层横梁的安装,应由下向上进行。横梁应安装牢固,接缝应严密。相邻两根横梁的水平标高偏差不应大于 1mm;同层标高偏差:当一幅幕墙宽度不大于 35m 时,不应大于 5mm,当一幅幕墙宽度大于 35m 时,不应大于 7mm。

4.5.4　当安装完一层高度的横梁后,应进行检查、调整、校正、固定,符合要求后再安装另一层。

4.6　全玻幕墙吊夹安装及点玻幕墙驳接爪安装

4.6.1　全玻幕墙的吊夹材质一般是镀锌碳素钢、不锈钢、铸铜和铝合金等金属材料；按构造可分为活动式、固定式和穿孔式；按夹数可分为单夹和双夹；其性能必须符合相应的国家标准。单吊夹的承载力应不小于 2kN，双吊夹的承载力应不小于 4kN。单个吊夹每侧夹板与玻璃间的接触面积不得低于 20mm×100mm。高度超过 4m 的全玻幕墙应吊挂在主体结构上，吊夹具应符合设计要求，玻璃与玻璃、玻璃与玻璃肋之间的缝隙，应采用硅酮结构密封胶填嵌严密；吊夹通过可调节螺杆螺帽和受力钢骨连接，除玻璃肋可采用一个吊夹外，单块吊挂玻璃不得少于两个吊夹。上部悬挂的同时，下部放置玻璃的槽口应先设置不少于两块弹性定位垫块，垫块的宽度与槽口宽度相同，长度不小于 100mm。

4.6.2　点玻幕墙驳接爪材质一般是镀锌碳素钢、不锈钢和铝合金等金属材料；按构造可分为活动式和固定式；连接件按外形可分为浮头式和沉头式；按固定点数和外形可分为单点爪、双点爪、三点爪、四点爪和多点爪；其性能必须符合相应的国家标准。驳接爪通过焊接和栓接立柱、横梁进行固定连接，点玻幕墙应采用带万向头的活动不锈钢爪，其钢爪间的中心距离应大于 250mm。

4.7　防雷装置安装

4.7.1　幕墙防雷接地根据设计要求安装。

4.7.2　玻璃幕墙高度 30m 以上的立柱和横梁应作电气连接，构成约 10m× 10m 防侧击雷的防雷网。通常上下立柱连接处，用螺栓固定铝排或铜编线连接。幕墙防雷网与主体结构的均压环防雷体系，通过建筑主体柱主筋用扁钢或钢筋焊接连接。

4.7.3　幕墙顶部女儿墙金属盖板可作为接闪器，每隔 10m 与主体结构防雷网连接一次，接受雷电流。金属接闪器的厚度不宜小于 3mm，当建筑高度低于 150m 时，截面不宜小于 50mm^2，当建筑高度在 150mm 以上时，截面不宜小于 70mm^2。

4.7.4　连接应在材料表面保护膜除掉后的部位进行。测试的接地电阻值应符合设计规定，一般情况下，接地电阻应小于 1Ω。

4.8　保温层安装

4.8.1　有热工要求的幕墙，应安装保温材料。保温材料宜从内向外安装，保温材料的安装固定应符合设计规定：板块状保温材料可粘贴和钉接在结构外墙面上；保温棉块也可用镀锌细铁丝网和镀锌细铁丝，固定在立柱和横梁形成的框架内；或在保温材料两边用内、外衬板固定；或铺填在焊有钢钉的内衬板上用螺钉固定。内衬板应采用镀锌薄钢板或经防腐处理的钢板。内衬板四周应套装弹性橡胶密封条，内衬板与构件接缝应严密；内衬板就位后，用密封胶密封处理。保温材料应铺设平整，拼缝处不留缝隙。

4.8.2 按设计要求安装冷凝水排出管及其附件，与水平构件的预留孔连接严密，与内衬板出水孔连接处应设橡胶密封条。

4.9 玻璃安装

玻璃应在车间加工制作。中空玻璃间，硅酮结构密封胶应在温度 15～30℃、相对湿度 50％以上洁净的室内打注，且应打注饱满。不得使用过期的硅酮结构密封胶。玻璃安装前，应将玻璃表面污物擦拭干净。玻璃应从上向下、顺一个方向连续安装。热反射玻璃的镀膜面应朝向室内，非镀膜面朝向室外。大块玻璃用吊车或者倒链吊运，电动真空吸盘机抬运，中块玻璃用手动真空吸盘机抬运，小块玻璃用牛皮带或直接用手抬运。

4.10 层间防火隔离带安装

幕墙的层间防火隔离带。防火材料的衬板应用镀锌钢板，或经防腐处理且厚度不小于 1.5mm 的钢板，不得用铝板。应先安装衬板，衬板应与横梁或立柱紧密接触，用防火密封胶密封，并防止防火材料与玻璃直接接触；防火材料用黏结剂粘贴在衬板上，填充厚度不小于 100mm，并用钢钉及不锈钢片固定。防火材料应铺设平整，拼缝处不留缝隙。并注意一块玻璃不能跨越两个防火分区。对外观要求非常高的全玻幕墙及点玻幕墙，要求通透性和完成后晶莹剔透，应采用满足防火时限的铯钾防火玻璃进行层间防火处理，接缝处应采用防火密封胶密封。

4.11 注胶及变形缝密封

4.11.1 玻璃间的缝隙不得小于 10mm，玻璃间密封胶在接缝内应形成相对两面粘结，不得形成三面粘结。注胶前，接缝的密封胶接触面上附着的油污等，用工业乙醇等清洁剂清理干净，潮湿表面应充分干燥。在玻璃上沿接缝两侧贴防护胶带纸，使胶带纸边与缝边齐直；注胶顺序为从上向下，先平缝，后竖缝，注胶应持续均匀，用注胶枪把胶注入缝内，并立即用胶筒或刮刀刮平；隔日注胶时，先清理胶缝连接处的胶头，切除圆弧头部分，使两次注胶连接紧密；确认注

胶合格后，取掉防护胶带纸，清洁接缝周围。注意避免在雨天、高温和气温低于
5℃时进行注胶作业。

4.11.2　变形缝处幕墙与幕墙的间隙，应根据变形缝设计图纸进行施工。

4.12　擦洗玻璃

玻璃幕墙安装完成后，玻璃、金属框和其他配件，用擦窗机清洗或乘吊篮人工
清洗干净。擦洗用清洗剂应为中性清洗剂，清洗剂清洗后及时用清水冲洗干净。

4.13　检查验收

4.13.1　玻璃的品种、规格与色彩应与设计相符，色泽应基本均匀，铝合金
料不应有析碱、发霉和镀膜脱落等现象。

4.13.2　玻璃的安装方向应正确；金属材料的色彩应与设计相符，色泽应基
本均匀，铝合金料不应有脱膜现象。

4.13.3　铝合金装饰压板，表面应平整，不应有肉眼可察觉的变形、疲纹或
局部压碾等缺陷。

4.13.4　幕墙的上下边及侧边封口、沉降缝、伸缩缝、防震缝的处理及防雷
体系应符合规范。

4.13.5　幕墙隐蔽节点的遮封装修应整齐美观，幕墙不得渗漏。

5　质量标准

5.1　主控项目

5.1.1　全玻幕墙及点玻幕墙工程所用材料、构件和组件应符合设计要求及
国家现行产品标准和行业标准《玻璃幕墙工程技术规范》JGJ 102 的规定。

5.1.2　幕墙的造型和立面分格应符合设计要求。

5.1.3　幕墙与主体结构的预埋件和后置埋件位置、数量、规格尺寸及后置
埋件、槽式预埋件的拉拔力应符合设计要求。

5.1.4　幕墙构架与主体结构埋件的连接、构件之间的连接、玻璃面板的安
装应符合设计要求，安装应牢固。

5.1.5　高度超过 4m 的全玻幕墙应吊挂在主体结构上，吊夹具应符合设计
要求，玻璃与玻璃、玻璃与玻璃助之间的缝隙，应采用硅酮结构密封胶填嵌严
密；点支承玻璃幕墙应采用带万向头的活动不锈钢爪，其钢爪间的中心距离应大
于 250mm。全玻幕墙及点玻幕墙使用的玻璃应符合下列规定：

1　幕墙应使用安全玻璃，玻璃的品种、规格、颜色、光学性能及安装方向应符合设计要求。

2　全玻幕墙肋玻璃的厚度不应小于12mm，且宽度不宜小于100mm。

3　全玻幕墙的中空玻璃应采用双道密封。

4　幕墙的夹层玻璃应采用聚乙烯醇缩丁醛（PVB）胶片干法加工合成的夹层玻璃。幕墙夹层玻璃的夹层胶片（PVB）厚度不应小于0.76mm。

5　钢化玻璃表面不得有损伤；钢化玻璃应进行引爆处理。

6　所有幕墙玻璃均应进行边缘处理。

5.1.6　幕墙节点、各种变形缝、墙角的连接节点应符合设计要求。

5.1.7　幕墙的防火、保温、防潮材料的设置应符合设计要求，填充应密实、均匀、厚度一致。

5.1.8　幕墙应无渗漏。

5.1.9　金属框架和连接件的防腐处理应符合设计要求。

5.1.10　幕墙开启窗的配件应齐全，安装应牢固，安装位置和开启方向、角度应正确；开启应灵活，关闭应严密。

5.1.11　幕墙的金属构架应与主体结构防雷装置可靠接通，并应符合设计要求。

5.2　一般项目

5.2.1　玻璃幕墙表面应平整、洁净；整幅玻璃的色泽应均匀一致；不得有污染和镀膜损坏。

5.2.2　每平方米玻璃的表面质量和检验方法应符合表9-1的要求。

每平方米玻璃的表面质量和检验方法 表9-1

项次	项目	质量要求	检验方法
1	明显划伤和长度>100mm的轻微划伤	不允许	观察
2	长度≤100mm的轻微划伤	≤8条	用钢尺检查
3	擦伤总面积	≤500mm²	用钢尺检查

5.2.3　点支幕墙拉杆和拉索的预应力应符合设计要求。

5.2.4　不锈钢驳接爪安装的允许偏差为：相邻钢爪水平距离和竖向距离为±1.5mm；同层钢爪高度允许偏差见表9-2。

表 9-2

同层钢爪高度允许偏差

水平距离 L(m)	允许偏差（×1000mm）
L≤35	L/700
35<L≤50	L/600
50<L≤100	L/500

5.2.5 幕墙的密封胶缝应横平竖直、深浅一致、宽窄均匀、光滑顺直。

5.2.6 点支幕墙安装的允许偏差应符合背面表 9-3 的规定。

点支幕墙安装的允许偏差（mm）　　　　　　表 9-3

项次	项目		允许偏差（mm）
1	竖缝及墙面垂直度	幕墙高度≤30m	10
		30m<幕墙高度≤50m	15
2	平面度		2.5
3	胶缝直线度		2.5
4	相邻玻璃平面高低差		1
5	拼缝宽度		2

5.2.7 全玻幕墙安装的质量应符合下列规定：

1 墙面胶缝应平整光滑、宽度均匀。胶缝宽度与设计值的偏差不应大于 2mm。

2 玻璃面板与玻璃肋之间的垂直度偏差不应大于 2mm，相邻玻璃面板的平面高低偏差不应大于 1mm。

3 玻璃与镶嵌槽的间隙应符合设计要求，密封胶应灌注均匀、密实、连续。

4 玻璃与周边结构或装修的空隙不应小于 8mm，密封胶填缝应均匀、密实、连续。

6　成品保护

6.0.1 各种构件及组件等应分类、分规格码放在专用库房内，不得在上面压放重物；搬运时应轻拿轻放，防止碰坏划伤。

6.0.2 金属构件表面应有防护膜，清洗前方可去除。玻璃上应有警示标识。

6.0.3 施工作业层应设防护，防止构件下落撞碰构件和玻璃。

6.0.4 电焊作业时，应对附近的幕墙构件、玻璃等遮挡防护，避免烧伤。

6.0.5　施工中幕墙及其构件表面的粘附物应及时清除。

7　注意事项

7.1　应注意的质量问题

7.1.1　埋件预埋时，其位置应严格控制并固定牢靠，浇筑混凝土时振捣棒不得接触埋件，有专人看护，避免移位。

7.1.2　安装立柱、横梁前，应认真核对玻璃尺寸和相应的立柱、横梁位置控制线，使两者协调一致。

7.1.3　玻璃间、构件附件与玻璃间的耐候密封胶下应嵌塞泡沫条，避免密封胶三面粘结。

7.1.4　密封条规格应适宜，长度符合要求，搭接处应粘结密封；结构胶、密封胶粘结面应清理干净，注胶环境应适宜，密封胶厚度符合要求，不得有针眼、稀缝现象；幕墙与主体、幕墙变形缝处的连接封口应严密；门窗开启部位密封应严密，胶条弹性应符合要求，五金配件装配应严密；幕墙排水系统应装配严密，排水畅通。

7.2　应注意的安全问题

7.2.1　手电钻、焊钉枪等手持电动工具，应作绝缘电压试验；电动工具应按要求进行接零保护，操作人员应佩戴防触电防护用品；真空吸盘机使用前，应进行吸附重量和吸附持续时间检验。

7.2.2　施工人员作业时必须戴安全帽，系安全带，并配备工具袋。

7.2.3　工程的上下部交叉作业时，结构施工层下方应采取可靠的安全防护措施。吊装作业时先试吊，可行后正式吊装。

7.2.4　现场焊接时，在焊件下方应设接火斗。

7.3　应注意的绿色施工问题

7.3.1　材料加工后的边角下脚料应分类回收。

7.3.2　采取围挡等措施控制施工噪声。

8　质量记录

8.0.1　玻璃幕墙所用各种材料、五金配件、构件及组件的产品合格证书、性能检测报告、进场验收记录和复验报告。

8.0.2 硅酮结构胶的认定证书和抽检合格证明；玻璃幕墙用结构胶的邵氏硬度、标准条件拉伸黏度、强度、相容性试验；进口硅酮结构胶的商检证；国家指定机构出具的硅酮结构胶相容性和剥离粘结性试验报告。

8.0.3 后置埋件的现场拉拔强度检测报告。

8.0.4 幕墙抗风压性能、气密性能、水密性能及平面内变形性能检测报告。

8.0.5 打胶、养护环境的温度、湿度记录；双组分硅酮结构胶的混匀性试验记录及拉断试验记录。

8.0.6 防雷装置测试记录。

8.0.7 隐蔽工程检查验收记录。

8.0.8 幕墙构件和组件的加工制作记录。

8.0.9 幕墙安装施工记录。

8.0.10 淋水试验检查记录。

8.0.11 全玻幕墙及点玻幕墙工程检验批质量验收记录。

8.0.12 全玻幕墙及点玻幕墙分项工程质量验收记录。

8.0.13 其他技术文件。

第 10 章　金属幕墙安装

本工艺标准适用于工业与民用建筑金属幕墙的安装。

1　引用标准

《玻璃幕墙工程技术规范》JGJ 102—2003

《钢结构设计标准》GB 50017—2017

《建筑结构荷载规范》GB 50009—2012

《建筑幕墙》GB/T 21086—2007

《铝合金建筑型材》GB/T 5237—2017

《建筑用硅酮结构密封胶》GB 16776—2005

《建筑设计防火规范》GB 50016—2014

《建筑抗震设计规范》GB 50011—2010

《建筑物防雷设计规范》GB 50057—2010

《混凝土结构后锚固技术规程》JGJ 145—2013

《金属与石材幕墙工程技术规范》JGJ 133—2001

《建筑装饰装修工程质量验收标准》GB 50210—2018

2　术语（略）

3　施工准备

3.1　作业条件

3.1.1　主体结构已完成，水电等设备、管线已安装完毕。

3.1.2　施工用脚手架应提前支搭和安装好，其横竖杆及拉杆等应离墙面和门窗口角 150～200mm，架子的步高和支搭应符合施工要求和安全操作规程。施工用吊篮架已安装好，并验收合格。

3.1.3 各种电器设备的电源已预先接好，并经安全测试运转合格。

3.1.4 幕墙材料及配件已准备好，并按要求分类存放。

3.2　材料要求

3.2.1 金属面板：金属面板一般采用铝板、合金板、铝塑复合板等材料，其品种、规格、颜色应符合设计要求及国家现行有关标准规范的要求，应有产品合格证。

3.2.2 骨架材料：骨架材料一般为铝合金型材或型钢，品种、规格、表面处理等必须符合设计要求，应有出厂合格证明，并应符合国家现行产品标准和工程技术规范的规定。

3.2.3 密封胶的厂家、牌号性能应符合设计要求，并应有出厂合格证明。

3.2.4 所有连接铁件规格尺寸应符合设计要求，表面镀锌处理。连接螺栓、螺钉等紧固件应采用不锈钢或镀锌件，规格尺寸符合设计要求。

3.3　主要机具

型材切割机、电焊机、电锤、电钻、拉铆枪、螺丝刀、线坠、靠尺等。

4　操作工艺

4.1　工艺流程

测量放线 → 复查预埋件及后置埋件 → 立柱和横梁加工制作 → 立柱安装 → 横梁安装 → 防雷装置安装 → 保温、防火材料安装 → 金属板加工制作 → 金属板安装 → 注胶及变形缝密封 → 擦洗金属板 → 检查验收

4.2　测量放线

4.2.1 根据建筑的主要轴线控制线，对照主体结构上的竖向轴线，用经纬仪和钢尺复核后，在各楼板边或墙面上，弹出立柱中心线和控制线并标识。

4.2.2 用水准仪和钢尺，从水准基点复测各楼层标高，并在楼板边或柱、墙上，弹出控制标高线并标识。

4.2.3 用经纬仪测量出金属幕墙外立面的控制线，在楼板上或柱面、墙面上弹线并标识。

4.2.4 当建筑较高时，竖向测量应定时进行。竖向测量时，风力不宜大于四级。

4.2.5 当实际位置和标高与设计要求相差较大时，应制订处理方案或修改设计。

4.3 复查预埋件及后置埋件

4.3.1 根据金属板幕墙的三向控制线，对预埋件的位置、标高进行复测，并弹出立柱紧固件的位置控制线、标高控制线，作出标识。同时对预埋件的规格、尺寸进行复查，并做好预埋件的防腐处理。当与设计要求相差较大时，应制订处理方案。

4.3.2 后置埋件应按设计要求做好防腐处理。后置埋件用膨胀螺栓或化学螺栓固定在强度等级不低于 C30 的混凝土结构上；后加螺栓应采用不锈钢或镀锌碳素钢，直径不得小于 10mm；每个埋件的后加螺栓不得少于两个，螺栓间距和螺栓到构件边缘的距离不应小于 70mm。对后置埋件进行现场拉拔检验，应符合设计要求。在后置埋件上弹出立柱紧固件的位置控制线、标高控制线，作出标识。

4.3.3 预埋件的标高偏差不应大于 10mm，位置偏差不应大于 20mm。

4.4 立柱和横梁加工

立柱和横梁下料前先校直调整，车间用切割机下料，现场用砂轮切割机下料；立柱和横梁用钻床钻孔，开榫机开槽、开榫。立柱长度的允许偏差为 ±1.0mm，横梁长度的允许偏差为 ±0.5mm，端头斜度的允许偏差为 −15′；下料端头不得因加工而变形，并不应有毛刺；孔位的允许偏差为 ±0.5mm，孔距的允许偏差为 ±0.5mm，累计偏差不得大于 ±1.0mm。

4.5 立柱安装

4.5.1 立柱一般选用镀锌碳素钢和铝合金，安装各楼层紧固件，一般采用镀锌碳素不等边钢紧固件。紧固件与埋件采用焊接连接，按设计规定的位置、标高和连接方法，均应连接牢固。紧固件安装时，应先点焊固定，检查复核符合要求后，再满焊固定。

4.5.2 立柱一般由下往上安装。当立柱一层为一根时，上端悬挂固定，下端滑动；当立柱两层为一根时，上端悬挂固定，中间简支，下端滑动。根据立柱长度，每安装完一层或两层后，再安装上一层或两层。

4.5.3 立柱安装前，应在地面先进行下料和开孔。立柱上端连接件和中间连接件一般为不等边角钢和槽钢紧固件，紧固件和立柱采用焊接和栓接进行连接，连接螺栓应进行承载力计算，且螺栓直径不应小于 10mm；芯柱在上、下立柱内插入的长度不小于 150mm，总长度不应小于 400mm，芯柱与立柱应紧密接触，芯柱下部用螺栓固定在下立柱上，且上、下立柱间应留置不小于 15mm 的间隙；连接件上的螺栓孔均开长孔，以便调整立柱的位置和标高；当立柱与连接件采用不同金属材料时，立柱与连接件采用绝缘垫片分隔。固定件与连接件的接触面，应采用刻纹等防滑措施，未刻纹时，可用非受力短焊缝定位，但不得采用连接焊缝形成受力连接。

4.5.4   铝合金立柱安装时，竖起立柱，立柱下端套在下部立柱芯柱上，上端连接件和中间连接件与紧固件用不锈钢螺栓临时固定，用经纬仪和钢尺检查，并调整立柱的位置、标高、垂直度等，符合要求后将螺栓紧固，上端连接件和中间连接件与紧固件满焊固定，上、下立柱间间隙用耐候密封胶嵌填。钢立柱安装时，竖起立柱，立柱下端套在下部立柱芯柱上，上端连接件和中间连接件可与紧固件点焊临时固定，用经纬仪和钢尺检查，并调整立柱的位置、标高、垂直度等，符合要求后将下端螺栓紧固，上、下立柱间间隙用耐候密封胶嵌填。立柱的安装标高偏差不应大于 3mm，轴线前后偏差不应大于 2mm，轴线左右偏差不应大于 3mm；相邻两根立柱安装标高偏差不应大于 3mm，同层立柱的最大标高偏差不应大于 5mm，相邻两根立柱的距离偏差不应大于 2mm。

4.5.5   立柱全部或分区域安装完后，应对立柱的整体垂直度、外立面水平度进行检查。当不符合要求时，应及时调整处理。

4.6   横梁安装

4.6.1   立柱安装完后，用水准仪和钢尺量测，在立柱上标出横梁的安装位置线。

4.6.2   铝横梁通过角码、螺钉或螺栓与立柱连接，角码应能承受横梁的剪力。螺钉直径不得小于 4mm，每处连接螺钉数量不应少于三个，螺栓不应少于两个。横梁端部与立柱间应留 1mm 的空隙，设防噪声浅色弹性橡胶垫片或石棉垫片。钢横梁通过焊接与立柱连接，焊缝应能承受横梁的剪力。焊缝高度不得低于钢材厚度。横梁端部与立柱间应满焊连接，每隔 10m 左右应设置一处栓接，以消减热胀冷缩产生的应力。

4.6.3   同一层横梁的安装，应由下向上进行。安装时，将横梁两端安装在立柱的预定位置，再顺序安装同一标高的横梁。横梁应安装牢固，接缝应严密。相邻两根横梁的水平标高偏差不应大于 1mm；同层标高偏差：当一幅幕墙宽度不大于 35m 时，不应大于 5mm，当一幅幕墙宽度大于 35m 时，不应大于 7mm。

4.6.4　当安装完一层高度的横梁后，应进行检查、调整、固定，符合要求后再安装另一层。

4.7　防雷装置安装

4.7.1　幕墙防雷接地根据设计要求安装。

4.7.2　金属板幕墙高度 30m 以上的立柱和横梁应作避雷连接，构成约 10m×10m 防侧击雷的防雷网。通常上下立柱断开连接处，用螺栓固定铝排或铜编线连接。幕墙防雷网与主体结构的均压环防雷体系，通过建筑主体柱主筋用扁钢或钢筋焊接连接。

4.7.3　幕墙顶部女儿墙金属盖板可作为接闪器，每隔 10m 与主体结构防雷网连接一次，接受雷电流。金属接闪器的厚度不宜小于 3mm，当建筑高度低于 150m 时，截面不宜小于 50mm^2，当建筑高度在 150mm 以上时，截面不宜小于 70mm^2。

4.7.4　连接应在材料表面保护膜除掉后的部位进行。测试的接地电阻值应符合设计规定，一般情况下，接地电阻应小于 1Ω。

4.8　保温、防火材料安装

4.8.1　有热工要求的幕墙，应安装保温材料。保温材料的安装固定应符合设计规定：板块状保温材料可固定在结构外墙面上，或将保温材料紧贴金属板装在加强肋间，或将保温材料装在衬板上；保温材料可用粘贴法固定或用电焊钉固定。当采用衬板时，衬板应采用镀锌薄钢板或经防腐处理的钢板。衬板四周应套装弹性橡胶密封条，衬板与构件接缝应严密；衬板就位后，用密封胶密封处理。保温材料应铺设平整，拼缝处不留缝隙。当保温材料紧贴金属板设置时，保温材料与主体结构外表面应保持不少于 50mm 厚的空气层。

4.8.2　幕墙的四周、窗间墙和窗槛墙，均应用防火材料填充，填充厚度不小于 100mm，在楼板处及防火分区间形成防火带。防火材料的衬板应用镀锌钢板，或经防腐处理且厚度不小于 1.5mm 的钢板，不得用铝板。应先安装衬板，衬板应与横梁或立柱紧密接触，用防火密封胶密封，并防止防火材料与金属板直接接触；防火材料应铺设平整，拼缝处不留缝隙。并注意一块金属板不能跨越两个防火分区。

4.9　金属板加工制作

4.9.1　金属板应在车间内加工制作。金属板可用小型电锯或手锯裁切，裁切时应镜面朝上，可以高速锯割和进锯，用空压机吹走锯末；刻槽用刀或手锯，用空压机吹走锯末；钻孔用电钻或钻床，曲线加工用线钻，用空压机吹走切屑；边缘刨平用手刨、锉刀或刮刀；剪断用剪床；弯折可冷弯；滚圆弧用三辊机。铝合金板和不锈钢板在制作构件时，应四周折边。金属板面积较大时，应按需要设置边肋、中肋等加劲肋，铝塑复合板折边处应设边肋。加劲肋可用金属方管、槽型材或角型材。

4.9.2　单层铝板折弯加工时，折弯外圆弧半径不应小于板厚的 1.5 倍；当设置加劲肋时，加劲肋可用结构装配方式，用结构密封胶将其固定在铝板的相应位置上，也可在铝板上用栓焊固定螺钉，用螺钉固定加强肋，但应确保铝板外表面不变形、不褪色，固定应牢固；单层铝板的固定耳板，可采用焊接、铆接或在铝板上直接冲压而成，应保证位置准确，调整方便，固定牢固；单层铝板构件的四周边与加劲肋固定应采用铆接、螺栓、胶粘与机械连接相结合的形式，应做到构件刚性好，固定牢固。

4.9.3　铝塑复合板应弯折成槽形，即四边均需折边，两相邻折边连接处用角码固定；弯折前切铣内层铝板和聚乙烯塑料时，应保留不小于 0.3mm 厚的聚乙烯塑料，且使所保留的塑料层厚度均匀，并不得划伤外层铝板的外表面；打孔、切口等外露的聚乙烯塑料及角缝，应采用中性硅酮耐候密封胶密封；加工过程中铝塑复合板严禁与水接触；当面积较大时可用加强肋，加强肋一般用结构装配方式用结构胶固定在板面指定位置，槽形板的加强肋与板的折边必须连接牢固。

4.9.4　蜂窝铝板加工时，应根据组装要求决定切口的尺寸和形状，切除铝芯时，不得划伤蜂窝铝板外层铝板的内表面；各部位外层铝板上应保留 0.3～0.5mm 的铝芯；直角构件的加工，折角应弯成圆弧状，角缝应采用硅酮耐候密封胶密封；大圆弧角构件的加工，圆弧部位应填充防火材料；边缘的加工，应将外层铝板折合 180°，并将铝芯包封。

4.9.5　当金属板与立柱、横梁采用压片式或挂钩式连接时，金属板边设置金属副框，金属板与副框用螺丝连接。

4.9.6　金属板幕墙组件安装完毕后，组件与组件间缝隙用胶条嵌实或嵌入建筑密封胶密封，嵌胶前应对嵌胶表面清理干净，嵌胶结束后，对胶缝表面刮平处理。

4.10　金属板安装

4.10.1　金属板应按从上向下、从左向右的顺序安装。金属板与立柱、横梁的连接采用螺钉固定、压片或挂钩等方式。当采用螺丝连接时，安装前，先核实位置，按金属板耳板上的螺丝孔位置，在立柱、横梁上用不锈钢钻尾钉将金属板固定在立柱、横梁上；当采用压片连接时，将金属板副框用压片和不锈钢钻尾钉固定在立柱、横梁上，并宜在副框与立柱、横梁接触处垫防震胶垫；当采用挂钩连接时，金属板副框上的通长挂钩直接卡入立柱、横梁的通长挂钩上，或卡入已安装好的金属板副框上的通长挂钩上，且挂接处应设防震胶垫条。金属板安装时的左右、上下偏差不应大于 1.5mm。

4.10.2　窗台、女儿墙的压顶，一般采用厚度不小于 2.5mm 的直角形铝合金板封盖，压顶板的坡度和坡向应符合设计要求。一般先在基层上焊金属骨架，用不锈钢钻尾钉将盖板固定在骨架和金属板上，用耐候密封胶密封。幕墙边缘部位的收口处理，用铝合金板将幕墙端部及立柱封住，并用硅酮耐候密封胶密封。幕墙下端的收口处理，用特制的披水板将板的下端封住，并用硅酮耐候密封胶密封。

4.11　注胶及变形缝密封

4.11.1　金属板间的接缝用硅酮耐候硅酮密封胶密封，密封胶的厚度和宽度应符合设计要求，密封胶在接缝内应形成相对两面粘结，不得形成三面粘结。注胶前，接缝的密封胶接触面上附着的油污等，用工业乙醇等清洁剂清理干净，潮湿表面应充分干燥。接缝内用聚氯乙烯泡沫圆棒充填，保持平直，并预留注胶厚度；在金属板上沿接缝两侧贴防护胶带纸，使胶带纸边与缝边齐直；注胶应持续均匀，先平缝，后竖缝，用注胶枪把胶注入缝内，并立即用胶筒或弧形刮板将缝刮平；确认注胶合格后，取掉防护胶带纸，清洁接缝两边。注意避免在雨天、高温和气温低于 5℃时进行注胶作业。

4.11.2　变形缝处幕墙与幕墙的间隙，应根据变形缝设计图纸进行施工。

4.12　擦洗金属板

金属板幕墙安装完后，用擦窗机清洗或乘吊篮人工清洗干净。擦洗用清洗剂应为中性清洗剂，清洗剂清洗后及时用清水冲洗干净。

4.13　检查验收

4.13.1　金属饰面板的品种、质量、颜色、花型、线条必须符合设计要求，要有产品合格证。

4.13.2 墙体骨架如采用钢龙骨时，其规格、形状必须符合设计要求，要认真进行除锈、防腐处理。板面与骨架的固定必须牢固，不得松动。

4.13.3 金属饰面表面应平整、洁净、色泽协调、无变色、泛碱、污痕和显著的光泽受损处。

4.13.4 金属饰面板接缝应填嵌密实、平直、宽窄均匀，颜色一致。阴阳角处的板搭接方向正确，非整砖使用部位适宜。

4.13.5 突出物周围的板应用整板套割吻合，边缘整齐；墙裙、贴脸等突出墙面的厚度一致。

5　质量标准

5.1　主控项目

5.1.1 金属幕墙工程所用材料和配件应符合设计要求及国家现行产品标准和行业标准《金属与石材幕墙工程技术规范》JGJ 133 的规定。

5.1.2 金属幕墙的造型、立面分格、颜色、光泽、花纹和图案应符合设计要求。

5.1.3 金属幕墙的预埋件和后置埋件位置、数量、规格尺寸及后置埋件、槽式预埋件的拉拔力应符合设计要求。

5.1.4 金属幕墙构架与主体结构埋件的连接、构件之间的连接、金属面板的安装应符合设计要求，安装应牢固。

5.1.5 金属幕墙的防火、保温、防潮材料的设置应符合设计要求，填充应密实、均匀、厚度一致。

5.1.6 金属框架和连接件的防腐处理应符合设计要求。

5.1.7 金属幕墙的金属构架应与主体结构防雷装置可靠接通，并应符合设计要求。

5.1.8 变形缝、墙角的连接节点应符合设计要求。

5.1.9 金属幕墙应无渗漏。

5.2　一般项目

5.2.1 金属表面应平整、洁净、色泽一致。

5.2.2 金属幕墙的压条应平直、洁净、接口严密、安装牢固。

5.2.3 金属幕墙板缝注胶应饱满、密实、连续、深浅一致、宽窄均匀、光滑顺直、无气泡，胶缝的宽度和厚度应符合设计要求。

5.2.4 金属幕墙流水坡向应正确，滴水线应顺直。

5.2.5 每平方米金属板的表面质量要求和检验方法应符合表10-1的规定。

每平方米金属板的表面质量和检验方法　　　　表10-1

项次	项目	质量要求	检验方法
1	明显划伤和长度＞100mm的轻微划伤	不允许	观察
2	长度≤100mm的轻微划伤	≤8条	用钢尺检查
3	擦伤总面积	≤500mm²	用钢尺检查

5.2.6 金属幕墙的安装允许偏差应符合表10-2的规定。

金属幕墙的安装允许偏差（mm）　　　　表10-2

项次	项目		安装允许偏差（mm）
1	幕墙垂直度	幕墙高度≤30m	10
		30＜幕墙高度≤60m	15
		60m＜幕墙高度≤90m	20
		幕墙高度＞90m	25
2	幕墙横向构件水平度	幕墙幅宽≤35m	5
		幕墙幅宽＞35m	7
3	幕墙表面平整度		2
4	板材立面垂直度		3
5	板材上沿水平度		2
6	相邻板材板角错位		1
7	阳角方正		2
8	接缝直线度		3
9	接缝高低差		1
10	接缝宽度		1

6 成品保护

6.0.1 各种构件及组件等应分类、分规格码放在专用库房内，不得在上面压放重物；搬运时应轻拿轻放，防止碰坏划伤。

6.0.2 金属板构件表面应有防护膜，清洗前方可去除。金属板上应有警示标识。

6.0.3 施工作业层应设防护，防止构件下落撞碰构件和金属板。

6.0.4 电焊作业时，应对附近的幕墙构件、金属板等遮挡防护，避免烧伤。

6.0.5 施工中幕墙及其构件表面的粘附物应及时清除。

7 注意事项

7.1 应注意的质量问题

7.1.1 埋件预埋时，其位置应严格控制并固定牢靠，浇筑混凝土时振捣棒不得接触埋件，有专人看护，避免移位。

7.1.2 安装立柱、横梁前，应认真核对金属板尺寸和相应的立柱、横梁位置控制线，使两者协调一致。

7.1.3 金属板与金属板、建筑主体之间的耐候密封胶下应嵌塞泡沫条，避免密封胶三面粘结。

7.1.4 密封条规格应适宜，长度符合要求，搭接处应粘结密封；结构胶、密封胶粘结面应清理干净，注胶环境应适宜，密封胶厚度符合要求，不得有针眼、漏缝现象；幕墙与主体、幕墙变形缝处的连接封口应严密；五金配件装配应严密。

7.2 应注意的安全问题

7.2.1 手电钻、焊钉枪等手持电动工具，应作绝缘电压试验；电动工具应按要求进行接零保护，操作人员应佩戴防触电防护用品。

7.2.2 施工人员作业时必须戴安全帽，系安全带，并配备工具袋。

7.2.3 工程的上下部交叉作业时，结构施工层下方应采取可靠的安全防护措施。

7.2.4 现场焊接时，在焊件下方应设接火斗。

7.2.5 安装幕墙用的施工机具及吊篮应进行严格检查，符合规定后方可使用。脚手板上的废弃杂物应及时清理，不得在窗台、栏杆上放置施工工具。

7.3 应注意的绿色施工问题

7.3.1 材料加工后的边角下脚料应分类回收。

7.3.2 采取围挡等措施控制施工噪声。

8　质量记录

8.0.1　金属幕墙所用各种材料、五金配件、构件及组件的产品合格证书、性能检测报告、进场验收记录和复验报告。

8.0.2　幕墙工程所用硅酮结构胶的抽查合格证明；进口硅酮结构胶的商检证，国家指定检测机构出具的硅酮结构胶相容性和剥离粘结性检验报告；铝塑复合板的剥离强度。

8.0.3　后置埋件的现场拉拔强度检测报告。

8.0.4　幕墙抗风压性能、气密性能、水密性能及平面内变形性能检测报告。

8.0.5　打胶、养护环境的温度、湿度记录、双组分硅酮结构胶的混匀性试验记录及拉断试验记录。

8.0.6　防雷装置测试记录。

8.0.7　隐蔽工程检查验收记录。

8.0.8　幕墙构件和组件的加工制作记录。

8.0.9　幕墙安装施工记录。

8.0.10　淋水试验检查记录。

8.0.11　金属幕墙工程检验批质量验收记录。

8.0.12　金属幕墙分项工程质量验收记录。

8.0.13　其他技术文件。

第 11 章　石材幕墙安装

本工艺标准适用于工业与民用建筑石材幕墙的安装。

1　引用标准

《玻璃幕墙工程技术规范》JGJ 102—2003

《钢结构设计标准》GB 50017—2017

《建筑结构荷载规范》GB 50009—2012

《建筑幕墙》GB/T 21086—2007

《铝合金建筑型材》GB/T 5237—2017

《建筑用硅酮结构密封胶》GB 16776—2005

《建筑设计防火规范》GB 50016—2014

《建筑抗震设计规范》GB 50011—2010

《建筑物防雷设计规范》GB 50057—2010

《混凝土结构后锚固技术规程》JGJ 145—2013

《金属与石材幕墙工程技术规范》JGJ 133—2001

《石材用建筑密封胶》GB/T 23261—2009

《建筑装饰装修工程质量验收标准》GB 50210—2018

2　术语（略）

3　施工准备

3.1　作业条件

3.1.1　构件安装前应检查制造合格证，不合格的构件不得安装。

3.1.2　金属、石材幕墙与主体结构连接的预埋件，应在主体结构施工时按设计要求埋设。预埋件应牢固，位置准确，预埋件的位置误差应按设计要求进行复查。当设计无明确要求时，预埋件的标高偏差不应大于 10mm，预埋件位置差不应大于 20mm。

3.1.3　脚手架或吊篮架已按施工方案搭设并经验收合格。

3.2　材料与机械设备、工具

3.2.1　石材、铝合金型材、碳素型钢、石材专用环氧树脂结构胶、石材专用硅酮耐候密封胶、五金配件等应符合相关规范规定及技术要求。

3.2.2　机械设备、工具：电焊机、砂轮切割机、电钻、螺丝刀、钳子、扳手、线坠、经纬仪、水平尺、钢卷尺。

4　操作工艺

4.1　工艺流程

测量放线 → 复查预埋件及后置埋件 → 立柱和横梁加工制作 → 立柱安装 →

横梁安装 → 防雷装置安装 → 保温、防火材料安装 → 石材板加工制作 →

石材板安装 → 注胶及变形缝密封 → 擦洗石材板 → 检查验收

4.2　测量放线

4.2.1　根据建筑的主要轴线控制线，对照主体结构上的竖向轴线，用经纬仪和钢尺复核后，在各楼板边或墙面上，弹出立柱中心线和控制线并标识。

4.2.2　用水准仪和钢尺，从水准基点复测各楼层标高，并在楼板边或柱、墙上，弹出控制标高线并标识。

4.2.3　用经纬仪测量出石材幕墙外立面的控制线，在楼板上或柱面、墙面上弹线并标识。

4.2.4　当建筑较高时，竖向测量应定时进行。竖向测量时，风力不宜大于四级。

4.2.5　当实际位置和标高与设计要求相差较大时，应制订处理方案或修改设计。

4.3　复查预埋件及后置埋件

4.3.1　根据石材幕墙的三向控制线，对预埋件的位置、标高进行复测，并弹出立柱紧固件的位置控制线、标高控制线，作出标识。同时对预埋件的规格、尺寸进行复查，并做好预埋件的防腐处理。当与设计要求相差较大时，应制订处理方案。

4.3.2　后置埋件应按设计要求做好防腐处理。后置埋件用膨胀螺栓和化学螺栓固定在强度等级不低于 C30 的混凝土结构上；后加螺栓应采用不锈钢或镀锌碳素钢，直径不得小于 10mm；每个埋件的后加螺栓不得少于两个，螺栓间距和螺栓到构件边缘的距离不应小于 70mm。对后置埋件进行现场拉拔检验，应符合设计要求。在后置埋件上弹出立柱紧固件的位置控制线、标高控制线，作出标识。

4.3.3　预埋件的标高偏差不应大于 10mm，位置偏差不应大于 20mm。

4.4　立柱和横梁加工

立柱和横梁下料前先校直调整，车间用切割机下料，现场用砂轮切割机下料；立柱和横梁用钻床钻孔，开榫机开槽、开榫。立柱长度的允许偏差为 ±1.0mm，横梁长度的允许偏差为 ±0.5mm，端头斜度的允许偏差为 -15′；下料端头不得因加工而变形，并不应有毛刺；孔位的允许偏差为 ±0.5mm，孔距的允许偏差为 ±0.5mm，累计偏差不得大于 ±1.0mm。

4.5　立柱安装

4.5.1　立柱一般选用镀锌碳素钢的槽钢或钢方管。安装各楼层紧固件，一般采用镀锌碳素不等边钢或槽钢紧固件。紧固件与埋件一般采用焊接或栓接连接，按设计规定的位置、标高和连接方法，均应连接牢固。紧固件安装时，应先点焊固定，检查复核符合要求后，再满焊固定。

4.5.2　立柱一般由下往上安装。当立柱一层为一根时，上端悬挂固定，下端滑动；当立柱两层为一根时，上端悬挂固定，中间简支，下端滑动。根据立柱长度，每安装完一层或两层后，再安装上一层或两层。

4.5.3　立柱安装前，应在地面先进行下料和开孔。立柱上端连接件和中间连接件一般为不等边角钢和槽钢紧固件，紧固件和立柱采用焊接或栓接进行连接，连接螺栓应进行承载力计算，且螺栓直径不应小于 10mm；芯柱和钢夹板在上、下立柱内外搭接的长度不小于 150mm，总长度不应小于 400mm，芯柱与立柱应紧密接触，芯柱下部用螺柱固定在下立柱上端，且上、下立柱间应留置不小于 15mm 的间隙；连接件上的螺栓孔均开长孔，以便调整立柱的位置和标高；当立柱与连接件采用不同金属材料时，立柱与连接件采用绝缘垫片分隔。固定件与连接件的接触面，应采用刻纹等防滑措施，未刻纹时，可用非受力短焊缝定位，但不得采用连接焊缝形成受力连接。

4.5.4　钢立柱安装时，竖起立柱，立柱下端套在下部立柱芯柱上，上端连接件和中间连接件可与紧固件点焊临时固定，用经纬仪和钢尺检查，并调整立柱的位置、标高、垂直度等，符合要求后将下端螺栓紧固，上端连接件和中间连接件与紧固件满焊固定，上、下立柱间间隙用耐候密封胶嵌填。立柱的安装标高偏差不应大于3mm，轴线前后偏差不应大于2mm，轴线左右偏差不应大于3mm；相邻两根立柱安装标高偏差不应大于3mm，同层立柱的最大标高偏差不应大于5mm，相邻两根立柱的距离偏差不应大于2mm。

4.5.5　立柱全部或分区域安装完后，应对立柱的整体垂直度、外立面水平度进行检查。当不符合要求时，应及时调整处理。

4.6　横梁安装

4.6.1　立柱安装完后，用水准仪和钢尺量测，在立柱上标出横梁的安装位置线。

4.6.2　角钢横梁通过焊接与立柱连接，焊缝应能承受横梁的剪力。焊缝高度不得低于钢材厚度。横梁端部与立柱间应满焊连接，每隔10m左右应设置一处栓接，以消减热胀冷缩产生的应力。

4.6.3　同一层横梁的安装，应由下向上进行。安装时，将横梁两端安装在立柱的预定位置，再顺序安装同一标高的横梁。横梁应安装牢固，接缝应严密。相邻两根横梁的水平标高偏差不应大于2mm；同层标高偏差：当一幅幕墙宽度不大于35m时，不应大于5mm；当一幅幕墙宽度大于35m时，不应大于7mm。

4.6.4　当安装完一层高度的横梁后，应检查、调整、固定，符合要求后再安装另一层。

4.7　防雷装置安装

4.7.1　幕墙防雷接地根据设计要求安装。

4.7.2　石材幕墙高度30m以上的立柱和横梁应作电气连接，构成约10m×10m防侧击雷的防雷网。通常，上下立柱断开连接处，用螺栓固定铝排或铜编织线连接。幕墙防雷网与主体结构的均压环防雷体系，通过建筑主体柱主筋用扁钢或钢筋焊接连接。

4.7.3　石材幕墙顶部女儿墙的接闪器，每隔10m与主体结构防雷网连接一次，接受雷电流。金属接闪器的厚度不宜小于3mm。当建筑高度低于150m时，截面不宜小于 50mm²；当建筑高度在 150mm 以上时，截面不宜小于 70mm²。

4.7.4　连接应在材料表面有保护膜除掉后的部位进行。测试的接地电阻值应符合设计规定，一般情况下，接地电阻应小于 1Ω。

4.8　保温、防火材料安装

4.8.1　有热工要求的幕墙，应安装保温材料。保温材料的安装固定应符合设计规定：板块状保温材料可固定在结构外墙面上，或将保温材料紧贴金属板装在加强肋间，或将保温材料装在衬板上；保温材料可用粘贴法固定或用电焊钉固定。当采用衬板时，衬板应采用镀锌薄钢板或经防腐处理的钢板。衬板四周应套装弹性橡胶密封条，衬板与构件接缝应严密；衬板就位后，用密封胶密封处理。保温材料应铺设平整，拼缝处不留缝隙。当保温材料紧贴石材板设置时，保温材料与主体结构外表面应保持不少于 50mm 厚的空气层。

4.8.2　幕墙的四周、窗间墙和窗槛墙，均应用防火材料填充，填充厚度不小于 100mm，在楼板处及防火分区间形成防火带。防火材料的衬板应用镀锌钢板，或经防腐处理且厚度不小于 1.5mm 的钢板，不得用铝板。应先安装衬板，衬板应与横梁或立柱紧密接触，用防火密封胶密封，并防止防火材料与玻璃直接接触；防火材料应铺设平整，拼缝处不留缝隙。并注意一块玻璃不能跨越两个防火分区。

4.9　石材板加工制作

4.9.1　石材

1　幕墙石材宜选用火成岩，石材吸水率应小于 0.8％。

2　花岗石板材的弯曲强度应经法定检测机构检测确定，其弯曲强度标准值不应小于 8.0MPa。

3　石板的表面处理方法应根据环境和用途决定。

4　为满足等强度计算的要求，花岗石厚度不得低于 25mm，火烧面、荔枝面的石材厚度应比抛光石板厚 3mm。

5　石材加工的技术要求应符合国家标准的规定。

6　石材表面应采用机械进行加工，加工后的表面应用高压水冲洗或用水和刷子清理，严禁用溶剂型的化学清洁剂清洗石材。

4.9.2　花岗石的加工精度必须要达到＋0，－1 的标准。

4.9.3　外墙用花岗石必须采用六面防护防水处理。

4.10　石材板安装

4.10.1　为了达到外立面的整体效果，要求板材加工精度较高，要现场精心挑选板材，实地预排，减少上墙后的色差。

4.10.2　短槽式挂件的石材板宜在垂直状态下，由机械开槽口；背栓式挂件的石材板宜在水平状态下，由专用开孔机械进行开孔。

4.10.3　石材板应按从上向下、从左向右的顺序安装。石材板与横梁的连接短槽式、背栓式等方式。当采用短槽式挂件连接时，先将不锈钢挂件用不锈钢螺栓固定在角钢横梁上，不锈钢挂件下设防震胶垫，根据挂件位置进行预安装石材并标注开槽位置，在石材上下边进行开槽，开槽位置应居中，槽口宽度不宜超过不锈钢挂件的两倍，用气泵清理槽口，槽口填环氧树脂石材专用结构胶，将石材放置在预定位置，调节石材位置，石材到位后紧固不锈钢螺栓，石材背面与不锈钢挂件形成的直角处用刮刀填装环氧树脂石材专用结构胶并修整胶面使之密实。

当采用背栓式连接时，先将不锈钢或铝挂件用不锈钢螺栓固定在角钢横梁上，并宜在挂件上部和槽内接触处设防震胶垫；石材背栓可在工厂使用大型设备和现场使用手提式小型设备进行加工，埋入背栓后，根据石材背栓尺寸对横梁精确开孔，将石材放置在预定位置，调节石材位置，石材到位后紧固不锈钢螺栓和顶丝，要做到施工完成后横平竖直、符合标准。

4.10.4　板材钻孔位置应根据设计图纸，钻孔深度依据背栓深度予以控制，保证钻孔位置正确。

4.11　注胶及变形缝密封

4.11.1　石材板间的接缝用硅酮耐候硅酮密封胶密封，密封胶的厚度和宽度应符合设计要求，密封胶在接缝内应形成相对两面粘结，不得形成三面粘结。用于石材幕墙的硅酮结构密封胶还应有证明无污染的试验报告。注胶前，接缝的密封胶接触面上附着的油污等，用工业乙醇等清洁剂清理干净，潮湿表面应充分干燥。接缝内用聚氯乙烯泡沫圆棒充填，保持平直，并预留注胶厚度；在石材板上沿接缝两侧贴防护胶带纸，使胶带纸边与缝边齐直；注胶应持续均匀，先平缝，后竖缝，用注胶枪把胶注入缝内，并立即用胶筒或弧形刮板将缝刮平；确认注胶合格后，取掉防护胶带纸，清洁接缝两边。注意避免在雨天、高温和气温低于5℃时进行注胶作业。

4.11.2　变形缝处幕墙与幕墙的间隙，应根据变形缝设计图纸进行施工。

4.11.3　无胶开缝设计要有防水构造和钢龙骨防锈加强措施。

4.12　擦洗石材板

石材幕墙安装完后，用擦窗机清洗或乘吊篮人工清洗干净。擦洗用清洗剂应为中性清洗剂，清洗剂清洗后及时用清水冲洗干净。

4.13　检查验收

检查验收按照《金属与石材幕墙工程技术规范》JGJ 133—2001 和《建筑装饰装修工程质量验收标准》GB 50210—2018 的规定进行检查验收。

5　质量标准

5.1　主控项目

5.1.1　石材幕墙工程所用材料的品种、规格、性能等级，应符合设计要求及国家现行产品标准和行业标准《金属与石材幕墙工程技术规范》JGJ 133 的规定。

5.1.2　石材幕墙的造型、立面分格、颜色、光泽、花纹和图案应符合设计要求。

5.1.3　石材孔、槽的数量、深度、位置、尺寸应符合设计要求。

5.1.4　石材幕墙主体结构的预埋件和后置埋件位置、数量、规格尺寸及后置埋件、槽式预埋件的拉拔力应符合设计要求。

5.1.5　石材幕墙构架与主体结构埋件的连接、构件之间的连接、石材面板的安装应符合设计要求，安装应牢固。

5.1.6　金属框架和连接件的防腐处理应符合设计要求。

5.1.7　石材幕墙的金属构架应与主体结构防雷装置可靠接通，并应符合设计要求。

5.1.8　石材幕墙的防火、保温、防潮材料的设置应符合设计要求，填充应密实、均匀、厚度一致。

5.1.9　变形缝、墙角的连接节点应符合设计要求。

5.1.10　石材表面和板缝的处理应符合设计要求。

5.1.11　石材幕墙应无渗漏。

5.2　一般项目

5.2.1　石材幕墙表面应平整、洁净、无污染，不得有缺损和裂痕。颜色和花纹应协调一致，无明显色差、修痕。

5.2.2　石材幕墙的压条应平直、洁净、接口严密、安装牢固。

5.2.3　石材接缝应横平竖直、宽窄均匀；阴阳角石板压向应正确，板边合缝应顺直；凸凹线出墙厚度应一致，上下口应平直；石材面板上洞口、槽边应套割吻合，边缘应整齐。

5.2.4　石材幕墙板缝注胶应饱满、密实、连续、深浅一致、宽窄均匀、光滑、顺直、无气泡，胶缝的宽度和厚度应符合设计要求。

5.2.5　石材幕墙流水坡向应正确，滴水线应顺直。

5.2.6　每平方米石材的表面质量要求和检验方法应符合表 11-1 的规定。

每平方米石材板的表面质量和检验方法　　　　表 11-1

项次	项目	质量要求	检验方法
1	裂痕、明显划伤和长度>100mm 的轻微划伤	不允许	观察
2	长度≤100mm 的轻微划伤	≤8 条	用钢尺检查
3	擦伤总面积	≤500mm²	用钢尺检查

5.2.7　石材幕墙安装的允许偏差应符合表 11-2 的规定。

石材幕墙安装的允许偏差（mm）　　　　表 11-2

项次	项目		光面	麻面
1	幕墙垂直度	幕墙高度≤30m	10	
		30m<幕墙高度≤60m	15	
		60m 幕墙高度≤90m	20	
		幕墙高度>90m	25	
2	幕墙横向构件水平度	幕墙幅宽≤35m	5	
		幕墙幅宽>35m	7	
3	板材立面垂直度		3	
4	板材上沿水平度		2	
5	相邻板材板角错位		1	
6	幕墙表面平整度		2	3
7	阳角方正		2	4
8	接缝直线度		3	4
9	接缝高低差		1	
10	接缝宽度		1	2

6 成品保护

6.0.1 各种构件及组件等应分类、分规格码放在专用库房内，不得在上面压放重物；搬运时应轻拿轻放，防止碰坏划伤。

6.0.2 施工作业层应设防护，防止构件下落撞碰构件和玻璃。

6.0.3 电焊作业时，应对附近的幕墙构件、玻璃等遮挡防护，避免烧伤。

6.0.4 施工中幕墙及其构件表面的粘附物应及时清除。

7 注意事项

7.1 应注意的质量问题

7.1.1 埋件预埋时，其位置应严格控制并固定牢靠，浇筑混凝土时振捣棒不得接触埋件，有专人看护，避免移位。

7.1.2 安装立柱、横梁前，应认真核对石材尺寸和相应的立柱、横梁位置控制线，使两者协调一致。

7.1.3 石材板间接口处的耐候密封胶下应嵌塞泡沫条，避免密封胶三面粘结。

7.1.4 结构胶、密封胶粘结面应清理干净，注胶环境应适宜，密封胶厚度符合要求，不得有针眼、漏缝现象；幕墙与主体、幕墙变形缝处的连接封口应严密；五金配件装配应严密；幕墙排水系统应装配严密，排水畅通。

7.2 应注意的安全问题

7.2.1 手电钻、焊钉枪等手持电动工具，应作绝缘电压试验；电动工具应按要求进行接零保护，操作人员应佩戴防触电防护用品；真空吸盘机使用前，应进行吸附重量和吸附持续时间检验。

7.2.2 施工人员作业时必须戴安全帽，系安全带，并配备工具袋。

7.2.3 工程的上下部交叉作业时，结构施工层下方应采取可靠的安全防护措施。

7.2.4 现场焊接时，在焊件下方应设接火斗。

7.3 应注意的绿色施工问题

7.3.1 材料加工后的边角下脚料应分类回收。

7.3.2 采取围挡等措施控制施工噪声。

8　质量记录

8.0.1　石材幕墙所用各种材料、五金配件、构件及组件的产品合格证书、性能检测报告、进场验收记录和复验报告，石材的抗弯强度检测报告，严寒、寒冷地区石材的耐冻融性检测报告。

8.0.2　幕墙工程所用硅酮结构胶的抽查合格证明；进口硅酮结构胶的商检证，国家指定检测机构出具的硅酮结构胶相容性和剥离粘结性检验报告；石材用密封胶的污染性。

8.0.3　后置埋件的现场拉拔强度检测报告。

8.0.4　幕墙抗风压性能、气密性能、水密性能及平面内变形性能检测报告。

8.0.5　打胶、养护环境的温度、湿度记录。

8.0.6　防雷装置测试记录。

8.0.7　隐蔽工程检查验收记录。

8.0.8　幕墙构件和组件的加工制作记录。

8.0.9　幕墙安装施工记录。

8.0.10　淋水试验检查记录。

8.0.11　石材幕墙工程检验批质量验收记录。

8.0.12　石材幕墙分项工程质量验收记录。

8.0.13　其他技术文件。

第 12 章 陶板幕墙安装

本工艺标准适用于民用建筑陶板幕墙的安装

1 引用标准

《人造板材幕墙工程技术规范》JGJ 336—2016

《玻璃幕墙工程技术规范》JGJ 102—2003

《钢结构设计标准》GB 50017—2017

《建筑结构荷载规范》GB 50009—2012

《建筑幕墙》GB/T 21086—2007

《铝合金建筑型材》GB/T 5237—2017

《建筑用硅酮结构密封胶》GB 16776—2005

《建筑设计防火规范》GB 50016—2014

《建筑抗震设计规范》GB 50011—2010

《建筑物防雷设计规范》GB 50057—2010

《混凝土结构后锚固技术规程》JGJ 145—2013

《建筑幕墙用陶板》JGJ 133—2011

《石材用建筑密封胶》GB/T 23261—2009

《建筑装饰装修工程质量验收标准》GB 50210—2018

2 术语

2.0.1 陶板幕墙：以陶板为面板的建筑幕墙。

3 施工准备

3.1 作业条件

3.1.1 首先对图纸要充分熟悉，详细核查施工图纸和现场实测尺寸，以确保设计加工的完善，同时认真与结构图纸及其他专业图纸进行核对，发现其不相符部位，尽早采取有效措施修正。

3.1.2　将外墙模板、浮灰及浮浆清理干净，凸凹面较大的位置应进行剔除或抹灰找平。以及将穿墙螺栓，外脚手架穿墙孔洞进行封堵等。

3.1.3　脚手架或吊篮架已按施工方案搭设并经验收合格。

3.2　材料与机械设备、工具

3.2.1　陶板幕墙用陶板、铝合金型材、碳素型钢、专用环氧树脂结构胶、专用硅酮耐候密封胶、五金配件等应符合相关规范规定及技术要求。

3.2.2　机械设备、工具：电焊机、砂轮切割机、电钻、螺丝刀、钳子、扳手、线坠、经纬仪、水平尺、钢卷尺。

4　操作工艺

4.1　工艺流程

测量放线 → 复查预埋件及后置埋件 → 立柱和横梁加工制作 → 立柱安装 →

横梁安装 → 防雷装置安装 → 保温、防火材料安装 → 陶板加工制作 →

陶板安装 → 注胶及变形缝密封 → 擦洗陶板 → 检查验收

4.2　测量放线

4.2.1　根据建筑的主要轴线控制线，对照主体结构上的竖向轴线，用经纬仪和钢尺复核后，在各楼板边或墙面上，弹出立柱中心线和控制线并标识。

4.2.2　用水准仪和钢尺，从水准基点复测各楼层标高，并在楼板边或柱、墙上，弹出控制标高线并标识。

4.2.3　用经纬仪测量出陶板幕墙外立面的控制线，在楼板上或柱面、墙面上弹线并标识。

4.2.4　当建筑较高时，竖向测量应定时进行。竖向测量时，风力不宜大于四级。

4.2.5　当实际位置和标高与设计要求相差较大时，应制订处理方案或修改设计。

4.3　复查预埋件及后置埋件

4.3.1　根据陶板幕墙的三向控制线，对预埋件的位置、标高进行复测，并弹出立柱紧固件的位置控制线、标高控制线，作出标识。同时对预埋件的规格、尺寸进行复查，并做好预埋件的防腐处理。当与设计要求相差较大时，应制订处理方案。

4.3.2　后置埋件应按设计要求做好防腐处理。后置埋件用膨胀螺栓和化学螺栓固定在强度等级不低于 C30 的混凝土结构上；后加螺栓应采用不锈钢或镀锌碳素钢，直径不得小于 10mm；每个埋件的后加螺栓不得少于两个，螺栓间距和螺栓到构件边缘的距离不应小于 70mm。对后置埋件进行现场拉拔检验，应符合设计要求。在后置埋件上弹出立柱紧固件的位置控制线、标高控制线，作出标识。

4.3.3　预埋件的标高偏差不应大于 10mm，位置偏差不应大于 20mm。

4.4　立柱和横梁加工

立柱和横梁下料前先校直调整，车间用切割机下料，现场用砂轮切割机下料；立柱和横梁用钻床钻孔，开榫机开槽、开榫。立柱长度的允许偏差为 ±1.0mm，横梁长度的允许偏差为 ±0.5mm，端头斜度的允许偏差为 −15′；下料端头不得因加工而变形，并不应有毛刺；孔位的允许偏差为 ±0.5mm，孔距的允许偏差为 ±0.5mm，累计偏差不得大于 ±1.0mm。

4.5　立柱安装

4.5.1　立柱一般选用镀锌碳素钢的不等边角钢、槽钢或钢方管，安装各楼层紧固件，一般采用镀锌碳素不等边钢或槽钢紧固件。紧固件与埋件一般采用焊接或栓接连接，按设计规定的位置、标高和连接方法，均应连接牢固。紧固件安装时，应先点焊固定，检查复核符合要求后，再满焊固定。

4.5.2　立柱一般由下往上安装。当立柱一层为一根时，上端悬挂固定，下端滑动；当立柱两层为一根时，上端悬挂固定，中间简支，下端滑动。根据立柱长度，每安装完一层或两层后，再安装上一层或两层。

4.5.3　立柱安装前，应在地面先进行下料和开孔。立柱上端连接件和中间连接件一般为不等边角钢和槽钢紧固件，紧固件和立柱采用焊接或栓接进行连接，连接螺栓应进行承载力计算，且螺栓直径不应小于 10mm；芯柱和钢夹板在上、下立柱内外搭接的长度不小于 150mm，总长度不应小于 400mm，芯柱与立柱应紧密接触，芯柱下部用螺柱固定在下立柱上端，且上、下立柱间应留置不小于 15mm 的间隙；连接件上的螺栓孔均开长孔，以便调整立柱的位置和标高；当立柱与连接件采用不同金属材料时，立柱与连接件采用绝缘垫片分隔。固定件与连接件的接触面，应采用刻纹等防滑措施，未刻纹时，可用非受力短焊缝定位，但不得采用连接焊缝形成受力连接。

4.5.4　钢立柱安装时，竖起立柱，立柱下端套在下部立柱芯柱上，上端连接件和中间连接件可与紧固件点焊临时固定，用经纬仪和钢尺检查，并调整立柱的位置、标高、垂直度等，符合要求后将下端螺栓紧固，上端连接件和中间连接件与紧固件满焊固定，上、下立柱间间隙用耐候密封胶嵌填。轴线偏差不应大于2mm，相邻两根立柱安装标高偏差不应大于3mm，同层立柱的最大标高偏差不应大于5mm，相邻两根立柱的距离偏差不应大于2mm。

4.5.5　立柱全部或分区域安装完后，应对立柱的整体垂直度、外立面水平度进行检查。当不符合要求时，应及时调整处理。

4.6　横梁安装

4.6.1　立柱安装完后，用水准仪和钢尺量测，在立柱上标出横梁的安装位置线。

4.6.2　次龙骨一般采用角钢或者不等边角码，通过焊接与立柱连接，焊缝应能承受横梁的剪力。焊缝高度不得低于钢材厚度。通长横梁端部与立柱间应满焊连接，每隔10m左右应设置一处栓接，以消减热胀冷缩产生的应力，断开式横梁与主骨满焊连接即可。

4.6.3　同一层横梁的安装，应由下向上进行。安装时，将横梁两端安装在立柱的预定位置，再顺序安装同一标高的横梁。横梁应安装牢固，接缝应严密。同一根横梁两端或相邻两根横梁的水平标高偏差不应大于1mm；同层标高偏差：当一幅幕墙宽度不大于35m时，不应大于5mm；当一幅幕墙宽度大于35m时，不应大于7mm。

4.6.4　当安装完一层高度的横梁后，应进行检查、调整、固定，符合要求后再安装另一层。

4.7　防雷装置安装

4.7.1　幕墙防雷接地根据设计要求安装。

4.7.2　陶板幕墙高度30m以上的立柱和横梁应作电气连接，构成约10m×10m防侧击雷的防雷网。通常上下立柱断开连接处，用螺栓固定铝排或铜编织线连接。幕墙防雷网与主体结构的均压环防雷体系，通过建筑主体柱主筋用扁钢或钢筋焊接连接。

4.7.3　陶板幕墙顶部女儿墙的接闪器，每隔 10m 与主体结构防雷网连接一次，接受雷电流。金属接闪器的厚度不宜小于 3mm，当建筑高度低于 150m 时，截面不宜小于 $50mm^2$；当建筑高度在 150mm 以上时，截面不宜小于 $70mm^2$。

4.7.4　连接应在材料表面有保护膜除掉后的部位进行。测试的接地电阻值应符合设计规定，一般情况下，接地电阻应小于 1Ω。

4.8　保温、防火材料安装

4.8.1　有热工要求的幕墙，应安装保温材料。保温材料的安装固定应符合设计规定：板块状保温材料可固定在结构外墙面上，或将保温材料紧贴金属板装在加强肋间，或将保温材料装在衬板上；保温材料可用粘贴法固定或用电焊钉固定。当采用衬板时，衬板应采用镀锌薄钢板或经防腐处理的钢板。衬板四周应套装弹性橡胶密封条，衬板与构件接缝应严密；衬板就位后，用密封胶密封处理。保温材料应铺设平整，拼缝处不留缝隙。当保温材料紧贴陶板设置时，保温材料与主体结构外表面应保持不少于 50mm 厚的空气层。

4.8.2　幕墙的四周、窗间墙和窗槛墙，均应用防火材料填充，填充厚度不小于 100mm，在楼板处及防火分区间形成防火隔离带。防火材料的衬板应用镀锌钢板，或经防腐处理且厚度不小于 1.5mm 的钢板，不得用铝板。应先安装衬板，衬板应与横梁或立柱紧密接触，用防火密封胶密封；防火材料应铺设平整，拼缝处不留缝隙。

4.8.3　按设计要求安装冷凝水排出管及其附件，与水平构件的预留孔连接严密，与内衬板出水孔连接处应设橡胶密封条。

4.9　陶板加工制作

陶板的加工制作应由指定的厂家来完成，具体要求如下：

1　陶板吸水率应小于 10%。

2　陶板的弯曲强度应经法定检测机构检测确定，其弯曲强度标准值不应小于 8.0MPa。

3　陶板的表面处理方法应根据环境和用途决定。

4　陶板加工的技术要求应符合国家标准的规定。

5　陶板需根据现场尺寸进行加工，加工精度为长度允许偏差±1.0mm，对角线允许偏差小于等于 2.0mm。

4.10 陶板安装

陶板应按从上向下、从左向右的顺序安装。陶板与横梁、角码的连接为背挂式等方式。采用背挂式连接时，先将铝挂件用不锈钢螺栓或不锈钢钻尾钉固定在角钢横梁或不等边角码上，并宜在挂件上部和槽内接触处设防震胶垫；陶板挂件放入背槽后，根据陶板挂件尺寸，将陶板挂入预定位置，调节陶板和背挂件位置，陶板到位后紧固不锈钢螺栓和顶丝，要做到施工完成后横平竖直、符合标准。

4.11 注胶及变形缝密封

4.11.1 陶板间的接缝设计一般为开缝设计，陶板横向接缝有防水设计，但竖缝没有防水设计，竖缝宜用硅酮耐候密封胶密封，密封胶的厚度和宽度应符合设计要求，密封胶在接缝内应形成相对两面粘结，不得形成三面粘结。用于陶板幕墙的硅酮耐候密封胶还应有证明无污染的试验报告。注胶前，接缝的密封胶接触面上附着的油污等，用工业乙醇等清洁剂清理干净，潮湿表面应充分干燥。接缝内用聚氯乙烯泡沫圆棒充填，保持平直，并预留注胶厚度；在陶板上沿接缝两侧贴防护胶带纸，使胶带纸边与缝边齐直；注胶应持续均匀，先平缝，后竖缝，用注胶枪把胶注入缝内，并立即用胶筒或弧形刮板将缝刮平；确认注胶合格后，取掉防护胶带纸，清洁接缝两边。注意避免在雨天、高温和气温低于5℃时进行注胶作业。

4.11.2 变形缝处幕墙与幕墙的间隙，应根据变形缝设计图纸进行施工。

4.11.3 无胶开缝设计要有墙面防水构造和钢龙骨防锈加强措施。

4.12 擦洗陶板

陶板幕墙安装完后，用擦窗机清洗或乘吊篮人工清洗干净。擦洗用清洗剂应为中性清洗剂，清洗剂清洗后及时用清水冲洗干净。

4.13 检查验收

4.13.1 陶土板幕墙表面应平整，不应有可察觉的变形，波纹或局部压砸等缺陷。

4.13.2 陶土板幕墙分格装饰条和收边角金属框应横平竖直，造型符合设计要求。

4.13.3 窗洞口收边收口：胶缝应横平竖直，表面光泽无污染。

4.13.4 竖向导水槽外露部分不得有划痕和表面漆层脱落。

5　质量标准

5.1　主控项目

5.1.1　陶板幕墙所用材料、构件和组件应符合设计要求及国家现行标准的有关规定。

5.1.2　陶板幕墙的造型、立面分格、颜色、光泽、花纹和图案应符合设计要求。

5.1.3　陶板幕墙主体结构上的预埋件和后置埋件的规格尺寸、位置、数量及后置埋件、槽式预埋件的拉拔力应符合设计要求。

5.1.4　陶板幕墙构架与主体结构埋件的连接、构件之间的连接、陶板的安装应符合设计要求，安装应牢固。

5.1.5　陶板挂件的规格、尺寸、位置、数量，应符合设计要求。

5.1.6　金属框架和连接件的防腐处理应符合设计要求。

5.1.7　陶板幕墙的金属构架应与主体结构防雷装置可靠接通，并应符合设计要求。

5.1.8　陶板幕墙的防火、保温、防潮材料的设置应符合设计要求，填充应密实、均匀、厚度一致。

5.1.9　有水密性要求的变形缝、墙角的连接节点应符合设计要求。

5.1.10　陶板幕墙应无渗漏。

5.2　一般项目

5.2.1　陶板表面应平整、洁净，无明显色差和污染，不得有缺角、开裂、斑痕等缺陷。

5.2.2　板缝应平直、均匀，宽度应符合设计要求。

5.2.3　陶板幕墙流水坡向应正确，滴水线应顺直。

5.2.4　单块陶板的表面质量要求和检验方法应符合表 12-1 的规定。

单块陶板的表面质量要求和检验方法　　　　　表 12-1

项次	项目	质量要求	检验方法
1	缺棱：长 5～10mm、宽度≤1mm	≤1 处	用钢直尺检查
2	缺角：长边 2～5mm、短边≤2mm	≤2 处	用钢直尺检查

续表

项次	项目	质量要求	检验方法
3	明显擦伤、划伤	不允许	观察检查
4	轻微划伤	不明显	观察检查
5	裂纹	不允许	观察检查
6	窝坑（毛面除外）	不明显	观察检查

5.2.5 陶板幕墙安装的允许偏差应符合表 12-2 的规定。

陶板幕墙安装的允许偏差（mm）　　　　　表 12-2

项次	项目	尺寸范围	允许偏差（mm）
1	相邻立柱间距尺寸（固定端）	—	±2
2	相邻两横梁间距尺寸	≤2000mm	±1.5
		>2000mm	±2
3	单个分格对角线长度差	长边边长≤2000mm	3
		长边边长>2000mm	3.5
4	立柱、竖缝及墙面的垂直度	幕墙总高度≤30m	10
		幕墙总高度≤60m	15
		幕墙总高度≤90m	20
		幕墙总高度≤120m	25
		幕墙总高度>150m	30
5	立柱、竖缝直线度	—	2
6	立柱、墙面的平面度	相邻两墙面	2
		一幅幕墙总宽度≤20m	5
		一幅幕墙总宽度≤20m	7
		一幅幕墙总宽度≤20m	9
		一幅幕墙总宽度≤20m	10
7	横梁水平度	横梁长度≤2000mm	1
		横梁长度>2000mm	2
8	同一标高横梁、横缝的高度差	相邻两横梁、面板	1
		一幅幕墙幅宽≤35m	5
		一幅幕墙幅宽>35m	7
9	缝宽度（与设计值比较）	—	±2

6 成品保护

6.0.1 各种构件组件及陶板等应分类、分规格码放在专用库房内，不得在上面压放重物；搬运时应轻拿轻放，防止碰坏划伤。

6.0.2 施工作业层应设防护，防止构件下落撞碰构件和陶板。

6.0.3 电焊作业时，应对附近的幕墙构件、陶板等遮挡防护，避免烧伤。

6.0.4 施工中幕墙及其构件表面的粘附物应及时清除。

7　注意事项

7.1　应注意的质量问题

7.1.1 埋件预埋时，其位置应严格控制并固定牢靠，浇筑混凝土时振捣棒不得接触埋件，有专人看护，避免移位。

7.1.2 安装立柱、横梁前，应认真核对陶板尺寸和相应的立柱、横梁位置控制线，使两者协调一致。

7.1.3 陶板间接口处的耐候密封胶下应嵌塞泡沫条，避免密封胶三面粘结。

7.1.4 结构胶、密封胶粘结面应清理干净，注胶环境应适宜，密封胶厚度符合要求，不得有针眼、稀缝现象；幕墙与主体、幕墙变形缝处的连接封口应严密；五金配件装配应严密；幕墙排水系统应装配严密，排水畅通。

7.2　应注意的安全问题

7.2.1 手电钻、焊钉枪等手持电动工具，应做绝缘电压试验；电动工具应按要求进行接零保护，操作人员应佩戴防触电防护用品。

7.2.2 施工人员作业时必须戴安全帽，系安全带，并配备工具袋。

7.2.3 工程的上下部交叉作业时，结构施工层下方应采取可靠的安全防护措施。

7.2.4 现场焊接时，在焊件下方应设接火斗。

7.3　应注意的绿色施工问题

7.3.1 材料加工后的边角下脚料应分类回收。

7.3.2 采取围挡等措施控制施工噪声。

8　质量记录

8.0.1 陶板幕墙所用各种材料、五金配件、构件及组件的产品合格证书、性能检测报告、进场验收记录和复验报告。陶板的抗弯强度检测报告，严寒、寒冷地区陶板的耐冻融性检测报告。

8.0.2 幕墙工程所用硅酮结构胶的抽查合格证明；进口硅酮结构胶的商检证，国家指定检测机构出具的硅酮结构胶相容性和剥离粘结性检验报告；陶板用密封胶的污染性。

8.0.3 后置埋件的现场拉拔强度检测报告。

8.0.4 幕墙抗风压性能、气密性能、水密性能及平面内变形性能检测报告。

8.0.5 打胶、养护环境的温度、湿度记录。

8.0.6 防雷装置测试记录。

8.0.7 隐蔽工程检查验收记录。

8.0.8 幕墙构件和组件的加工制作记录。

8.0.9 幕墙安装施工记录。

8.0.10　淋水试验检查记录。

8.0.11　陶板幕墙工程检验批质量验收记录。

8.0.12　陶板幕墙分项工程质量验收记录。

8.0.13　其他技术文件。

第13章 单元式幕墙安装

本工艺标准适用于民用建筑单元式幕墙安装。

1 引用标准

《玻璃幕墙工程技术规范》JGJ 102—2003
《钢结构设计标准》GB 50017—2017
《建筑结构荷载规范》GB 50009—2012
《建筑幕墙》GB/T 21086—2007
《铝合金建筑型材》GB/T 5237—2017
《建筑用硅酮结构密封胶》GB 16776—2005
《建筑设计防火规范》GB 50016—2014
《建筑抗震设计规范》GB 50011—2010
《建筑物防雷设计规范》GB 50057—2010
《混凝土结构后锚固技术规程》JGJ 145—2013
《金属与石材幕墙工程技术规范》JGJ 133—2001
《建筑装饰装修工程质量验收标准》GB 50210—2018

2 术语

2.0.1 单元式幕墙，是指由各种墙面板与支承框架在工厂制成完整的幕墙结构基本单位，直接安装在主体结构上的建筑幕墙。

3 施工准备

3.1 作业条件

3.1.1 安装单元式幕墙的主体结构（钢结构、钢筋混凝土结构和楼面工程等）已完工，并按国家有关规范验收合格。

3.1.2 预埋件在主体结构施工时，已按设计要求埋设牢固，位置准确。

3.1.3 单元式幕墙安装所用的吊装机具，工位转运器具，脚手架，吊篮等设置完好，障碍物已拆除。

3.1.4 对单元式幕墙可能造成污染或损伤的分项工程，应在单元式幕墙安装施工前完成，或采取了安全、可靠的保护措施。

3.1.5 幕墙单元部件和安装附件存放的临时库房应能防风雨日晒，所有器材入场后均能定置、定位摆放，不得直接落地堆放。

3.1.6 幕墙安装施工队伍应建立明确的安全生产、文明生产管理责任制。

3.1.7 单元式幕墙安装施工计划和施工技术方案须得到总包技术部门的审批。对各分项工程单位进行协调，将单元式幕墙安装纳入建筑工程施工总计划之中。

3.1.8 在幕墙安装作业面楼板边沿清理出 5～8m 宽的作业面，作业面内不允许存在任何可移动的障碍物；并在幕墙安装作业面楼层底部楼层架设好安全防护网。

3.2　材料

3.2.1 单元式幕墙已工厂加工制作完成。

3.2.2 连接件和紧固件、密封材料等符合相关规范规定及设计要求。

3.3　机具

炮车、环形轨道、电动葫芦、电焊机、砂轮切割机、电钻、扳手、经纬仪、水平尺、钢卷尺。

4　操作工艺

4.1　工艺流程

主要工序流程如下：

测量放线 → 复查预埋件及安装后置埋件 → 幕墙单元体连接件安装调整 →

单元构件运输 → 吊装幕墙单元体及精度调整后继续安装下一组单元板块组件 →

防雷装置安装 → 防火隔离带、保温安装 → 注胶及变形缝密封 → 清洗 →

检查验收

4.2　测量放线

4.2.1　根据建筑的主要轴线控制线，对照主体结构上的竖向轴线，用经纬仪和钢尺复核后，在各楼板边或墙面上，弹出单元幕墙板块位置控制线并标识。

4.2.2　用水准仪和钢尺，从水准基点复测各楼层标高，并在楼板边或柱、墙上，弹出控制标高线并标识。

4.2.3　当建筑较高时，竖向测量应定时进行。竖向测量时，风力不宜大于四级。

4.2.4　当实际位置和标高与设计要求相差较大时，应制订处理方案或修改设计。

4.3　复查预埋件及后置埋件

4.3.1　根据幕墙的三向控制线，对预埋件的位置、标高进行复测，并弹出立柱紧固件的位置控制线、标高控制线，作出标识。同时对预埋件的规格、尺寸进行复查，并做好预埋件的防腐处理。当与设计要求相差较大时，应制订处理方案。

4.3.2　后置埋件应按设计要求做好防腐处理。后置埋件用膨胀螺栓或化学螺栓固定在强度等级不低于 C30 的混凝土结构上；后加螺栓应采用不锈钢螺栓，直径不得小于 10mm；每个埋件的后加螺栓不得少于四个，螺栓间距和螺栓到构件边缘的距离不应小于 70mm。对后置埋件进行现场拉拔检验，应符合设计要求。在后置埋件上弹出立柱紧固件的位置控制线、标高控制线，做出标识。

4.3.3　预埋件的标高偏差不应大于 10mm，位置偏差不应大于 20mm。

4.4　幕墙单元体连接件安装调整

单元式幕墙的连接件安装定位后，用经纬仪复测安装精度无误后，螺栓紧固固定牢靠，连接件要一次全部调整到位，达到允许偏差范围。严格禁止在单元幕墙板块吊装完成后进行焊接。单元式幕墙单元板块的三维微调通过单元体上的连接构件来实现，对具体的一块单元板块而言，其一侧的主体上的连接件开有槽口，单元板块上该位置连接构件的螺丝插入槽口中，实现该侧的固定；另一侧的主体连接件不开槽口，单元板块上的连接构件挂装在该连接件，可以滑动，实现单元板块三维微调。连接件安装允许偏差见表 13-1。

连接件安装允许偏差 表 13-1

序号	项目		允许偏差（mm）	检查方法
1	标高		±1.0（可上下调节时±2.0）	水准仪
2	连接件两端点平行度		≤1.0	钢尺
3	距安装轴线水平距离		≤1.0	钢尺
4	垂直偏差（上、下两端点与垂线偏差）		≤1.0	钢尺
5	两连接件连接点中心水平距离		±1.0	钢尺
6	两连接件上、下端对角线差		±1.0	钢尺
7	相邻三连接件（上下、左右）偏差		±1.0	钢尺
8	连接件	孔（槽）直径（宽度）	+0.40 +0.10	塞规
		轴（板）直径（厚度）	−0.10 −0.40	
		插孔（槽）[件]直径（厚、宽度）	+0.40 [−0.10] +0.10 [−0.40]	

4.5 单元构件运输

4.5.1 运输前单元板块应按顺序编号，并配有专人对成品进行保护；

4.5.2 装卸及运输过程中，应采用有足够承载力和刚度的周转架，衬垫弹性垫，保证板块相互隔开并相对固定，不得相互挤压和串动；

4.5.3 超过运输允许尺寸的单元板块，应采取特殊措施；

4.5.4 单元板块应按顺序摆放平衡，不应造成板块或型材变形；

4.5.5 运输过程中，应采取措施减小颠簸。

4.6 吊装幕墙单元板块及精度调整后继续安装下一组单元板块组件

4.6.1 单元板块吊装机具准备

1 应根据单元板块选择适当的吊装机具，并与主体结构安装牢固；

2 吊装机具使用前，应进行全面质量、安全检验；

3 吊具设计应使其在吊装中与单元板块之间不产生水平方向分力；

4 吊具运行速度应可控制，并有安全保护措施；

5 吊装机具应采取防止单元板块摆动的措施。

4.6.2 起吊和就位

1 吊点和挂点应符合设计要求，吊点不应少于 2 个。必要时可增设吊点加固措施并试吊；

2　起吊单元板块时，应使各吊点均匀受力，起吊过程应保持单元板块平稳；

3　吊装升降和平移应使单元板块不摆动、不撞击其他物体；

4　吊装过程应采取措施保证装饰面不受磨损和挤压；

5　单元板块就位时，应先将其挂到主体结构的挂点上，板块未固定前，吊具不得拆除。

4.6.3　校正及固定

1　单元板块就位后，应及时校正；

2　单元板块校正后，应及时与连接部位固定，并应进行隐蔽工程验收；

3　单元板块固定后，方可拆除吊具，并应及时清洁单元板块的型材槽口。注意：施工中如果暂停安装，应将对插槽口等部位进行保护；安装完毕的单元板块应及时进行成品保护。

4.6.4　当安装完一层的单元板块后，应进行检查、调整、固定，符合要求后再安装另一层。

4.7　防雷装置安装

4.7.1　幕墙防雷接地根据设计要求安装。

4.7.2　玻璃幕墙高度 30m 以上的竖框和横梁应作电气连接，构成约 10m×10m 防侧击雷的防雷网。通常上下竖框连接处，用螺栓固定铝排或铜编织线连接。幕墙防雷网与主体结构的均压环防雷体系，通过建筑主体柱主筋用扁钢或钢筋焊接连接。

4.7.3　幕墙顶部女儿墙金属盖板可作为接闪器，每隔 10m 与主体结构防雷网连接一次，接受雷电流。金属接闪器的厚度不宜小于 3mm，当建筑高度低于 150m 时，截面不宜小于 $50mm^2$；当建筑高度在 150mm 以上时，截面不宜小于 $70mm^2$。

4.7.4　连接应在材料表面保护膜除掉后的部位进行。测试的接地电阻值应符合设计规定，一般情况下，接地电阻应小于 1Ω。

4.8　防火隔离带、保温安装

4.8.1　有热工要求的幕墙，应在单元板块安装前安装保温材料。保温部分宜从内向外安装，保温材料的安装固定应符合设计规定：板块状保温材料可粘贴和钉接在结构外墙面上；保温棉块也可用镀锌细钢丝网和镀锌细钢丝，固定在竖框和横梁形成的框架内；或在保温材料两边用内、外衬板固定；或铺填在焊有钢钉的内衬板上用螺钉固定。衬板应采用镀锌薄钢板或经防腐处理的钢板。内衬板四周应套装弹性橡胶密封条，内衬板与构件接缝应严密；内衬板就位后，用密封胶密封处理。保温材料应铺设平整，拼缝处不留缝隙。

4.8.2 幕墙的四周、窗间墙和窗槛墙，均应用防火材料填充，填充厚度不小于 100mm，在楼板处及防火分区间形成防火带。防火材料的衬板应用镀锌钢板，或经防腐处理且厚度不小于 1.5mm 的钢板，不得用铝板。应先安装衬板，衬板应与横梁或竖框紧密接触，用防火密封胶密封，并防止防火材料与玻璃直接接触；防火材料应铺设平整，拼缝处不留缝隙。并注意一块面板不能跨越两个防火分区。

4.8.3 按设计要求安装冷凝水排出管及其附件，与水平构件的预留孔连接严密，与内衬板出水孔连接处应设橡胶密封条。

4.9 注胶及变形缝密封

4.9.1 单元板块和单元板块、墙体间，接缝用耐候硅酮密封胶密封，密封胶的施工厚度大于 3.5mm，施工宽度不小于厚度的两倍，密封胶在接缝内应形成相对两面粘结，不得形成三面粘结。注胶前，接缝的密封胶接触面上附着的油污等，用工业乙醇等清洁剂清理干净，潮湿表面应充分干燥。接缝内用聚氯乙烯泡沫圆棒充填，保持平直，并预留注胶厚度；在玻璃上沿接缝两侧贴防护胶带纸，使胶带纸边与缝边齐直；注胶顺序为从上向下，先平缝，后竖缝，注胶应持续、均匀，用注胶枪把胶注入缝内，并立即用胶筒或刮刀刮平；隔日注胶时，先清理胶缝连接处的胶头，切除圆弧头部分，使两次注胶连接紧密；确认注胶合格后，取掉防护胶带纸，清洁接缝周围。注意避免在雨天、高温和气温低于 5℃时，进行注胶作业。

4.9.2 变形缝处相邻两块单元板块幕墙的间隙，应根据变形缝设计图纸进行施工。

4.10 清洗

4.10.1 幕墙工程安装完成后，应制定清洗方案，防止幕墙表面污染和发生异常，其清扫工具、吊篮以及清洗方法、时间、程序等，应得到专职人员批准。

4.10.2 幕墙安装完后，应从上到下用中性清洁剂对幕墙表面及外露构件进行清洗。清洗玻璃和铝合金件的中性清洁剂，清洗前应进行腐蚀性检验，证明对铝合金和玻璃无腐蚀作用后方能使用。清洁剂有玻璃清洗剂和铝合金清洗剂之分，互有影响，不能错用，清洗时应隔离。清洁剂清洗后应及时用清水冲洗干净。

4.11　检查验收

每块板安装后进行调整后，进行自检并认真填写自检表。单元式幕墙验收工作必须逐层进行。

单元（格）框是由左右竖框、上下横框及设计上规定的中横框、中竖框等用紧固件连接成一个整体的（格）框架。所采用的连接方法应为螺钉紧固连接，装配连接必须使用限力扳手紧固。有防渗漏要求的连接面缝应涂密封胶，做防渗漏处理。必须保证单元式幕墙结构性能和外观质量的完好与美观。

5　质量标准

5.1　主控项目

5.1.1　单元式幕墙工程所用材料、构件和组件应符合设计要求及国家现行产品标准和行业标准《玻璃幕墙工程技术规范》JGJ 102 的规定。

5.1.2　幕墙的造型和立面分格应符合设计要求。

5.1.3　幕墙与主体结构的预埋件和后置埋件位置、数量、规格尺寸及后置埋件、槽式预埋件的拉拔力应符合设计要求。

5.1.4　幕墙构架与主体结构埋件的连接、构件之间的连接、玻璃面板的安装应符合设计要求，安装应牢固。

5.1.5　单元式幕墙使用的玻璃应符合下列规定：

1　单元式幕墙应使用安全玻璃，玻璃的品种、规格、颜色、光学性能及安装方向应符合设计要求。

2　单元式幕墙玻璃的厚度应不小于 6.0mm。

3　单元式幕墙的中空玻璃应采用双道密封。明框单元式幕墙的中空玻璃应采用聚硫密封胶及丁基密封胶；隐框和半隐框单元式幕墙的中空玻璃应采用硅酮结构密封胶及丁基密封胶；镀膜面应在中空玻璃的第二或第三面上。

4　钢化玻璃表面不得有损伤；钢化玻璃宜进行均质处理。

5　所有幕墙玻璃均应进行边缘处理。

5.1.6　幕墙节点、各种变形缝、墙角的连接节点应符合设计要求。

5.1.7　幕墙的防火、保温、防潮材料的设置应符合设计要求，填充应密实、均匀、厚度一致。

5.1.8　幕墙应无渗漏。

5.1.9　金属框架和连接件的防腐处理应符合设计要求。

5.1.10　幕墙开启窗的配件应齐全，安装应牢固，安装位置和开启方向、角度应正确；开启应灵活，关闭应严密。

5.1.11　幕墙的金属构架应与主体结构防雷装置可靠接通，并应符合设计要求。

5.2　一般项目

5.2.1　玻璃幕墙表面应平整、洁净；整幅玻璃的色泽应均匀一致；不得有污染和镀膜损坏。

5.2.2　每平方米玻璃的表面质量和检验方法应符合表 13-2 的要求。

每平方米玻璃的表面质量和检验方法　　　　　　　表 13-2

项次	项目	质量要求	检验方法
1	明显划伤和长度＞100mm 的轻微划伤	不允许	观察
2	长度≤100mm 的轻微划伤	≤8 条	用钢尺检查
3	擦伤总面积	≤500mm^2	用钢尺检查

5.2.3　一个分格金属型材的表面质量和检验方法应符合表 13-3 的要求。

一个分格金属型材的表面质量和检验方法　　　　　　表 13-3

项次	项目	质量要求	检验方法
1	明显划伤和长度＞100mm 的轻微划伤	不允许	观察
2	长度≤100mm 的轻微划伤	≤2 条	用钢尺检查
3	擦伤总面积	≤500mm^2	用钢尺检查

5.2.4　单元式幕墙的分格玻璃拼缝应横平竖直、均匀一致。

5.2.5　玻璃幕墙的密封缝胶应横平竖直、深浅一致、宽窄均匀、光滑顺直。

5.2.6　单元式幕墙在组装过程中宜进行连接缝部位的渗漏检验。

5.2.7　防火、保温材料填充应饱满、均匀，表面应密实、平整。

5.2.8　单元式幕墙隐蔽节点的遮封装修应牢固、整齐、美观。

5.2.9 单元式幕墙的安装允许偏差应符合表 13-4 的要求。

单元式幕墙的安装允许偏差（mm）　　　　　表 13-4

项次	项目		允许偏差（mm）
1	幕墙垂直度	幕墙高度≤30m	10
		30m<幕墙高度≤60m	15
		60m<幕墙高度≤90m	20
		90m<幕墙高度≤150m	25
		幕墙高度>150m	30
2	幕墙表面平整度		2.5
3	接缝直线度		3
4	相邻两单元接缝高低差		1
5	单元之间接缝宽度（与设计值比）		2
6	单元对插配合间隙（与设计值比）		+1，0
7	单元对插搭接宽度		1

6　成品保护

6.0.1 工厂组装好的单元板块组件，铝型材装饰外露面用保护胶布粘贴，以防止其表面污损划伤。

6.0.2 单元板块组件转运车、摆放架应设置保护软垫衬，以防止划伤。

6.0.3 安装单元板块组件时，严禁用铁榔头等物敲击撬压。

6.0.4 单元式幕墙在一个安装单元层面内安装完成后应采用塑料编织条布覆盖，以防止上层溅水或水泥污物在安装好的幕墙上，污染腐蚀单元幕墙各组件。

6.0.5 在已安装单元式幕墙的区域内，有进行其他分项工程施工作业时，应设置警示标志和维护屏障，以防止任何可能损伤单元式幕墙的物体磕碰、撞击和污损。

6.0.6 单元式幕墙的维护清洗，应定期（每年不少于一次），应选择专业清洗公司，采用中性无腐蚀、无污染的清洗剂进行清洗，严禁使用硬物摩擦玻璃表面。

6.0.7 用户应按单元式幕墙使用维护说明书，制定幕墙的保养和维修制度。保修期内幕墙制作厂应定期检查幕墙的使用情况，及时指导用户进行单元式幕墙的维护与保养，修复易损故障件。

6.0.8　幕墙的保养和维护：凡高处作业者，必须遵守现行国家标准《建筑施工高处作业安全技术规范》JGJ 80 的有关规定。

7　注意事项

7.1　应注意的质量问题

7.1.1　单元式幕墙安装施工人员上岗前，应进行单元式幕墙安装专业技能的培训，考核不合格者不准上岗。

7.1.2　单元板块组件应按安装序列号指定位置存放，按安装顺序号吊装。

7.1.3　定位放线、测量检测应在风力不大于 4 级的晴天进行，并注意经常校核定位基准点，以确保测量放线的准确性。

7.1.4　安装现场使用的测量检测器具、限力工具、绳具等应设专人校核、保养维护，保证工装器具合格良好。

7.2　应注意的安全问题

7.2.1　严格按照单元式幕墙设计、施工技术文件的规定进行施工作业，严禁违章指挥和野蛮作业。

7.2.2　单元板块组件在吊装过程中，应采取可靠的安全保护措施，吊装机具应牢固稳定，防止单元板块组件在吊装时晃动摇摆碰撞楼板，确保吊装安全。

7.2.3　自制吊装机械应经设计计算、检验和验收合格；安全装置齐全有效；吊具、索具起重性能满足要求，检查验收合格。

7.2.4　安装过程中划出警戒区，设置警示标志。

7.2.5　楼层安装单元式幕墙的人员配置区域限制安全带，系挂在安全保护绳上。

7.2.6　立体交叉作业时，搭设安全保护棚。

7.3　应注意的绿色施工问题

7.3.1　材料加工后的边角下脚料应分类回收。

7.3.2　采取围挡等措施控制施工噪声。

8　质量记录

8.0.1　玻璃幕墙所用各种材料、五金配件、构件及组件的产品合格证书、性能检测报告、进场验收记录和复验报告。

8.0.2 硅酮结构胶的认定证书和抽检合格证明；玻璃幕墙用结构胶的邵氏硬度、标准条件拉伸黏度、强度、相容性试验；进口硅酮结构胶的商检证；国家指定机构出具的硅酮结构胶相容性和剥离粘结性试验报告。

8.0.3 后置埋件的现场拉拔强度检测报告。

8.0.4 幕墙抗风压性能、空气渗透性能、雨水渗漏性能及平面变形性能检测报告。

8.0.5 打胶、养护环境的温度、湿度记录；双组分硅酮结构胶的混匀性试验记录及拉断试验记录。

8.0.6 防雷装置测试记录。

8.0.7 隐蔽工程检查验收记录。

8.0.8 幕墙构件和组件的加工制作记录。

8.0.9 幕墙安装施工记录。

8.0.10 淋水试验检查记录。

8.0.11 单元式幕墙工程检验批质量验收记录。

8.0.12 单元式幕墙分项工程质量验收记录。

8.0.13 其他技术文件。